KB100588

기출의
파급
효과

과 탐
영 역 ——
지 구 과 학 I
중

해 설

smart is sexy

Orbi.kr

기출의파급효과

지구과학 I (중)
해설

빠른 정답

Theme 3 - 대기의 변화

문항번호	정 답	문항번호	정 답	문항번호	정 답	문항번호	정 답	문항번호	정 답
1	②	2	②	3	④	4	⑤	5	②
6	③	7	⑤	8	①	9	④	10	①
11	④	12	⑤	13	③	14	②	15	④
16	③	17	②	18	④	19	④	20	③
21	③	22	③	23	⑤	24	②	25	⑤
26	④	27	②	28	②	29	②	30	①
31	②	32	③	33	④	34	⑤	35	③
36	①								

Theme 4 - 해양의 변화

문항번호	정 답	문항번호	정 답	문항번호	정 답	문항번호	정 답	문항번호	정 답
1	④	2	①	3	②	4	①	5	①
6	②	7	③	8	③	9	③	10	③
11	⑤	12	②	13	⑤	14	③	15	⑤
16	⑤	17	②	18	④	19	②	20	③
21	③	22	④	23	①	24	⑤	25	①
26	④	27	③	28	③	29	⑤	30	③

Theme 5 - 대기와 해양의 상호작용

문항번호	정답	문항번호	정답	문항번호	정답	문항번호	정답	문항번호	정답
1	②	2	③	3	②	4	⑤	5	④
6	②	7	②	8	⑤	9	①	10	⑤
11	⑤	12	④	13	①	14	③	15	①
16	①	17	④	18	③	19	③	20	④
21	⑤	22	④	23	⑤	24	①	25	①
26	①	27	③	28	①	29	④	30	③
31	②	32	⑤	33	②	34	③	35	④
36	③	37	①	38	④	39	①	40	④
41	⑤	42	②	43	⑤	44	④	45	⑤
46	①	47	②	48	②				

Theme 3, 4, 5 – 2022, 2023 기출 문제

문항번호	정 답	문항번호	정 답	문항번호	정 답	문항번호	정 답	문항번호	정 답
1	①	2	②	3	①	4	③	5	①
6	②	7	③	8	③	9	③	10	②
11	④	12	⑤	13	①	14	⑤	15	②
16	④	17	⑤	18	②	19	④	20	⑤
21	①	22	②	23	④	24	⑤	25	①
26	①	27	②	28	③	29	③	30	④
31	⑤	32	③	33	⑤	34	②	35	③
36	①	37	④	38	①	39	②	40	③
41	④	42	⑤	43	②	44	⑤	45	④
46	①	47	⑤	48	②	49	⑤	50	②
51	③	52	④	53	④	54	①	55	①
56	②	57	③	58	⑤	59	④	60	④
61	①	62	⑤	63	④	64	⑤	65	⑤
66	③	67	④	68	④	69	②	70	②
71	①	72	④	73	③	74	③	75	③
76	⑤	77	⑤	78	②	79	②	80	①
81	③	82	⑤	83	①	84	④	85	①
86	⑤	87	④	88	③				

01 정답 : ②

〈문제 상황 파악하기〉

자정에 관측한 기상 위성 영상이니 적외선 영상으로 촬영했을 것이다. 또한, 정체 전선의 위치를 대략적으로 파악할 수 있어야 한다. (p.19를 함께 참고하도록 하자)

〈선지 판단하기〉

ㄱ 선지 가시광선 영역을 촬영한 영상이다. (X)

　　　　자정에는 가시광선 영역에서 기상 위성 영상을 촬영할 수 없다.

ㄴ 선지 A 지역에는 남풍 계열의 바람이 우세하다. (X)

　　　　A 지역에는 북풍 계열의 바람이 우세하다.

ㄷ 선지 정체 전선은 북동 - 남서 방향으로 발달해 있다. (O)

　　　　구름의 위치를 통해 정체전선의 위치를 알 수 있다.

〈기출문항에서 가져가야 할 부분〉

1. 가시 영상은 구름의 두께를 측정할 때 유용하다.
2. 적외선 영상은 구름의 고도를 측정할 때 유용하다.

02 정답 : ②

⟨문제 상황 파악하기⟩

전선면의 기울기는 한랭 전선이 가파르고 온난 전선이 완만하므로 A는 한랭 전선, B는 온난 전선이다. 또한, 우리나라에서 온난 전선과 한랭 전선이 차례로 통과하면 풍향은 시계 방향으로 변한다.

⟨선지 판단하기⟩

ㄱ 선지   온난 전선은 A이다. (X)

　　　　온난 전선은 B이다.

ㄴ 선지   B가 통과하는 동안 풍향은 시계 반대 방향으로 변한다. (X)

　　　　1. 관측소가 저기압의 중심의 남에 위치하므로 B가 통과하는 동안 풍향은 시계 방향으로 변한다.

　　　　2. 온난 전선 통과 전에는 남동풍이 불고 통과 후에는 남서풍이 불기 때문에 풍향은 시계 방향으로 변한다.

ㄷ 선지   (가)에 해당하는 물리량으로 전선의 이동 속도가 있다. (O)

　　　　한랭 전선의 이동 속도는 온난 전선의 이동 속도보다 빠르므로 (가)에 해당하는 물리량 중 하나이다.

⟨기출문항에서 가져가야 할 부분⟩

1. 한랭 전선의 이동 속도가 온난 전선의 이동 속도보다 빠르므로 폐색 전선이 형성된다.

2. 전선면은 성질이 다른 두 기단이 만나는 면을 말하고, 전선은 전선면과 지표면이 만나는 선을 말한다.

03 정답 : ④

〈문제 상황 파악하기〉

"높이에 따른~"이라는 말이 발문에 존재하기 때문에 높이가 0일 때, 즉 지표면을 기준으로 판단하는 것이 좋다. 약 15시를 기준으로 지표면에서 기온이 급격히 낮아지므로 이때 통과한 전선은 한랭 전선이라고 할 수 있다.

〈선지 판단하기〉

ㄱ 선지 관측소를 통과한 전선은 온난 전선이다. (X)

　　　　관측소를 통과한 전선은 한랭 전선이다.

ㄴ 선지 관측소의 지상 평균 기압은 ⓒ 시기가 ㉠ 시기보다 높다. (O)

　　　　온대 저기압과의 거리는 한랭 전선 통과 후 점점 멀어지므로 기압은 ⓒ 시기에 상승한다.

ㄷ 선지 ⓒ 시기에 관측소는 A 지역 기단의 영향을 받는다. (O)

　　　　온대 저기압은 편서풍과 고기압인 A 지역 기단의 영향으로 서 → 동으로 이동하므로
　　　　ⓒ 시기에 관측소는 A 지역 기단의 영향을 받는다고 할 수 있다.

〈기출문항에서 가져가야 할 부분〉

1. 저기압 중심과의 거리가 가까우면 기압이 낮고, 거리가 멀면 기압이 높다.

2. ㄷ 같은 선지는 선지 판단의 기준을 넓게 가져가야 한다.

3. (가) 자료를 보고 다음과 같이 한랭 전선이 이동했다고 파악할 수 있어야 한다.

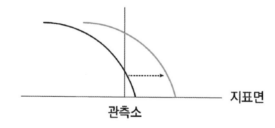

04 정답 : ⑤

〈문제 상황 파악하기〉

겨울철 일기도이므로 시베리아 고기압의 영향을 받고 있고, (나) 자료는 "높이에 따른" 자료이므로 높이 0일 때를 기준으로 A는 Q에 해당하는 자료이고, B는 P에 해당하는 자료이다.

〈선지 판단하기〉

ㄱ 선지 기단이 A에서 B로 이동함에 따라 기단의 하층부는 불안정해진다. (O)

겨울철에는 해양이 대륙보다 따뜻하므로 대륙이 발원지인 기단이 상대적으로 따뜻한 해양을 지나가면 기단의 하층부는 불안정해진다. (자세한 내용은 본권 p.11를 참고하자.)

ㄴ 선지 A에서 측정한 기온 분포는 Q이다. (O)

A에서 측정한 기온 분포는 기온이 더 낮은 Q이다.

ㄷ 선지 폭설이 내릴 가능성은 A보다 B에서 크다. (O)

폭설이 내리기 위해서는 구름 속 수증기의 비율이 높아야 하므로 상대적으로 따뜻한 해양을 지나면서 해양에서 수증기를 공급받은 후인 B에서 폭설이 내릴 가능성이 클 것이다.

〈기출문항에서 가져가야 할 부분〉

1. 발문에 "높이에 따른~"이라는 말이 있으면 높이가 0일 때를 기준으로 먼저 자료를 파악하자.

2. 찬 기단이 상대적으로 따뜻한 해양 위를 지나가면 기단의 하층부가 불안정해진다.

3. 따뜻한 기단이 상대적으로 찬 해양 위를 지나가면 기단의 하층부가 안정해진다.

05 정답 : ②

〈문제 상황 파악하기〉

우리나라가 정체 전선의 영향에 있는 동안 각각 강수량의 분포, 풍향의 빈도를 나타낸 자료라고 했다. (가) 자료에서 $D_1 \rightarrow D_2$일 때, 강수 지역이 전체적으로 북상했으므로 북태평양 기단의 세력이 강해져 정체 전선이 북상했다고 판단할 수 있다. (나) 자료는 (단위:%)인 것에 주의하여 선지를 읽고 판단하자.

〈선지 판단하기〉

ㄱ 선지 D_1일 때 정체 전선의 위치는 D_2일 때보다 북쪽이다. (X)

$D_1 \rightarrow D_2$일 때, 강수 지역이 전체적으로 북상했으므로 북태평양 기단의 세력이 강해져 정체 전선이 북상했다고 판단할 수 있다. 따라서 정체 전선은 D_2일 때가 더 북쪽이다.

ㄴ 선지 D_2일 때 남동풍의 빈도는 남서풍의 빈도보다 크다. (O)

D_2일 때 남동풍의 빈도는 40% 이상인 자료가 존재하므로 남동풍의 빈도가 더 높았다.

ㄷ 선지 D_1일 때가 D_2일 때보다 북태평양 기단의 영향을 더 받는다. (X)

정체 전선이 D_2일 때 북쪽에 위치하므로 D_2일 때 북태평양 기단의 영향을 더 받는다.

〈기출문항에서 가져가야 할 부분〉

1. 해당 문제의 정답률이 45%이다. 그 이유는 다름 아닌 (나) 자료에 (단위:%) 때문이다. 지구과학I에서는 익숙한 정답률 하락 요인이니 자료에서 단위, 스케일, 증가 방향 등에 주의하자.

06 정답 : ③

〈문제 상황 파악하기〉

칸막이를 들어 올리면 찬 공기는 따뜻한 공기의 밑으로 이동할 것이다.

모양이 불규칙한 찰흙

문제 상황에 필요한 개념 01 무게 중심에 대한 개념

흔히들 '무게 중심'이라고 하면 고등 수학에서 배운 무게 중심을 떠올릴 것이다. 하지만 이 문항에서 '질점'에 가까운 무게 중심의 개념이 필요하다. 질점은 질량을 가지고 있는 어떤 물체의 전체 무게가 한 지점에 집중되어있다고 가정했을 때 무게가 존재하는 지점이다. 따라서 오른쪽 그림 같이 불규칙한 모양의 찰흙의 질점은 A라고 할 수 있다.

문제 상황에 필요한 개념 02 지렛대의 원리에 대한 개념

지렛대의 원리는 시소를 생각하면 간단하다. 무거운 학생은 시소의 중심에서 가까이 앉고, 가벼운 학생은 시소의 중심에서 멀리 앉아야 한다. 이때 시소가 지표면과 평행하다면, 시소의 받침점을 무거운 학생과 가벼운 학생의 무게 중심점이라고 판단할 수 있으므로 무게 중심은 질량이 무거운 물체 쪽에 위치한다고 판단할 수 있다.

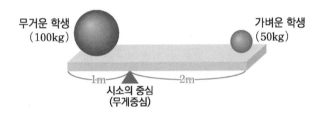

〈선지 판단하기〉

ㄱ 선지 (나)에서 공기의 밀도는 ㉠ 칸이 ㉡ 칸보다 크다. (O)

공기의 밀도는 온도에 반비례하므로 공기의 밀도는 ㉠ 칸이 ㉡ 칸보다 크다.

ㄴ 선지 (다)에서 A 지점 부근의 공기 움직임으로 한랭 전선의 형성 과정을 설명할 수 있다. (O)

칸막이를 들어 올리면 찬 공기가 따뜻한 공기 밑으로 파고 들므로 한랭 전선의 형성 과정과 비슷하다.

ㄷ 선지 수조 안 전체 공기의 무게 중심은 (나)보다 (다)에서 높다. (X)

1. (나)에서 찬 공기와 따뜻한 공기 각각의 무게 중심은 각각 ○과 ×라 하면 찬 공기와 따뜻한 공기의 무게 중심은 ⊗라고 판단할 수 있다.

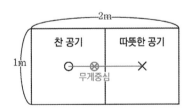

2. (다)에서 찬 공기와 따뜻한 공기 각각의 무게 중심은 각각 ○′과 ×′라 하면 찬 공기와 따뜻한 공기의 무게 중심은 ⊗′라고 판단할 수 있다.

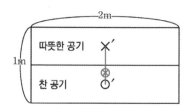

따라서 수조 안 전체 공기의 무게 중심은 (나)보다 (다)에서 낮다고 판단할 수 있다.

〈기출문항에서 가져가야 할 부분〉

1. 24학년도 수능을 대비하는 수험생들은 해당 문제의 무게 중심처럼 낯선 내용이 나오더라도 본인만의 풀이 방법을 찾아야 한다. 또한, 밀도의 기본적인 개념은 알아두도록 하자.

07 정답 : ⑤

〈문제 상황 파악하기〉

(가) 자료는 가시 영상이므로 자료에서 밝게 표시된 부분은 구름의 두께가 두꺼운 부분으로 적운형 구름이 분포한다. 또한 (나) 자료를 보고 해당 지역에 정체 전선이 분포한다고 판단할 수 있다.

〈선지 판단하기〉

ㄱ 선지   구름의 두께는 A 지역이 B 지역보다 두껍다. (O)

가시 영상에서는 밝게 표현될수록 구름의 두께가 두꺼우므로 구름의 두께는 A 지역이 B 지역보다 두껍다.

ㄴ 선지   A 지역의 구름을 형성하는 수증기는 주로 전선의 남쪽에 위치한 기단에서 공급된다. (O)

A 지역은 정체 전선의 북쪽에 위치한 지역이므로 A 지역의 구름을 형성하는 수증기는 주로 전선의 남쪽에 위치한 따뜻한 기단에서 공급된다.

ㄷ 선지   B 지역의 지상에서는 남풍 계열의 바람이 분다. (O)

바람은 고기압 → 저기압으로 불기 때문에 B 지역의 지상에서는 남풍 계열의 바람이 분다.

〈기출문항에서 가져가야 할 부분〉

1. 가시광선 영역 자료는 구름의 태양 복사 에너지의 반사도를 측정하는 자료이므로 밝게 표시될수록 구름의 두께가 두껍다.

2. 적외선 영역 자료는 구름의 적외선 복사 에너지 방출량을 측정하는 자료이므로 밝게 표시될수록 구름의 고도가 높다.

08 정답 : ①

〈문제 상황 파악하기〉

(가) 자료에서 저기압 중심의 이동 방향으로 A 관측소에서는 반시계 방향으로 풍향이 변하고, B 관측소에서는 시계 방향으로 풍향이 변한다. (나) 자료에서 풍향의 변화는 시계 방향이므로 (나)는 B 관측소에서 관측한 자료이다.

〈선지 판단하기〉

ㄱ 선지 (가)에서 온대 저기압의 이동은 편서풍의 영향을 받았다. (O)

온대 저기압은 편서풍의 영향을 받아 서 → 동으로 이동한다.

ㄴ 선지 (나)는 A에서 관측한 결과이다. (X)

(나)는 B에서 관측한 결과이다.

ㄷ 선지 (나)를 관측한 지역에서는 이날 12시 이전에 소나기가 내렸을 것이다. (X)

(나)를 관측한 지역은 B 지역이고, 12시 이전에 비가 내렸다면 넓은 지역에 이슬비가 내렸을 것이다.

〈기출문항에서 가져가야 할 부분〉

1. 북반구에서 저기압 중심의 북쪽에 위치한 관측소에서는 반시계 방향으로, 남쪽에 위치한 관측소에서는 시계 방향으로 풍향이 변화한다.

2. 한랭 전선과 온난 전선 부근의 강수 현상을 구분하자.

09 정답 : ④

〈문제 상황 파악하기〉

(가) 자료에 나타난 2개의 저기압은 전선을 동반한 온대 저기압이라고 발문에서 언급했고, (나) 자료에 A 지역에 위치한 온대 저기압은 폐색 전선을 동반한다.

〈선지 판단하기〉

ㄱ 선지 A 지점의 저기압은 폐색 전선을 동반하고 있다. (O)

A 지역에서 적외 영상을 보면 구름이 말려있는 모양을 하고 있으므로 폐색 전선이 존재한다고 판단할 수 있다.

ㄴ 선지 B 지점은 서풍 계열의 바람이 우세하다. (O)

북반구 지표면에서 저기압은 공기가 반시계 방향으로 수렴한 후 상승하므로 B 지점은 서풍 계열의 바람이 우세하다고 판단할 수 있다.

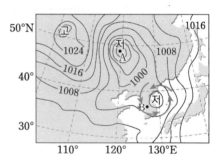

ㄷ 선지 C 지역에는 적란운이 발달해 있다. (X)

(나) 자료는 적외선 영역 자료이므로 밝게 나타날수록 구름의 고도가 높다. 따라서 C 지역에는 적운형 구름이 발달하지 않았다.

〈기출문항에서 가져가야 할 부분〉

1. 적란운이나 적운형 구름이나 지구과학I에서는 같다고 생각해도 무방하다.

2. 실측 자료에서 폐색 전선을 판단하는 방법이 제시된 첫 번째 기출 문항이다. 기상 위성 영상에서 폐색 전선은 저기압 중심으로 말려있는 형태로 구름이 분포하면 폐색 전선이 분포한다고 판단할 수 있다.

10 정답 : ①

〈문제 상황 파악하기〉

(가) 자료를 보면 A는 고기압임을 알 수 있고, 우리나라와 동해 부근에는 온대 저기압이 분포한다는 것을 알 수 있다. 또한, (나) 자료는 남서풍이므로 C 지역에서 측정한 자료라고 할 수 있다.

〈선지 판단하기〉

ㄱ 선지 A에는 하강 기류가 나타난다. (O)

　　　　A는 고기압이므로 하강 기류가 나타난다.

ㄴ 선지 기온은 B가 C보다 높다. (X)

　　　　한랭 전선면이 만들어지는 원리에 의해 한랭 전선의 후면(B)은 한랭 전선의 전면(C)보다 기온이 낮다.

ㄷ 선지 (나)는 B의 일기 기호이다. (X)

　　　　(나)는 C의 일기 기호이다.

〈기출문항에서 가져가야 할 부분〉

1. 한랭 전선은 찬 공기가 따뜻한 공기 밑으로 파고들면서 만들어진다.

11 정답 : ④

〈문제 상황 파악하기〉

같은 시각에 가시 영상과 적외선 영상이 촬영되었으므로 촬영 시각은 낮이다. 또한, 적외선 영상으로 육지와 바다의 온도를 비교하면 육지 온도가 더 높다.

〈선지 판단하기〉

ㄱ 선지 육지는 바다보다 온도가 높다. (O)

　　　　적외선 영역 영상은 밝게 표시될수록 온도가 낮으므로 육지는 바다보다 온도가 높다.

ㄴ 선지 위성 영상은 밤에 촬영한 것이다. (X)

　　　　같은 시간에 가시 영상과 적외선 영상이 촬영되었으므로 위성 영상은 낮에 촬영한 것이다.

ㄷ 선지 구름 최상부의 높이는 B가 A보다 높다. (O)

　　　　적외선 영상으로 구름의 고도를 측정할 수 있으므로 구름의 최상부 높이는 B가 A보다 높다.

〈기출문항에서 가져가야 할 부분〉

1. 물의 비열이 매우 크므로 여름철에는 육지 온도가 바다 온도보다 높고, 겨울철에는 육지 온도가 바다 온도보다 낮다.

2. 온도가 높은 물체일수록 적외선 복사 에너지 방출량이 많다.

12 정답 : ⑤

〈문제 상황 파악하기〉

온대 저기압은 편서풍의 영향을 받아 서 → 동으로 이동하므로 (나)가 (가)보다 12시간 이후의 일기도다. 또한, A 지역은 저기압 중심의 남쪽에 위치하므로 풍향은 시계 방향으로 변했다.

〈선지 판단하기〉

ㄱ 선지   A 지점의 풍향은 시계 방향으로 바뀌었다. (O)

　　　　A 지점은 북반구에서 저기압 중심의 남쪽에 위치하므로 풍향이 시계 방향으로 바뀐다.

ㄴ 선지   한랭 전선이 통과한 후에 A에서의 기온은 9℃ 하강하였다. (O)

　　　　일기도의 머리 왼쪽 윗부분이 기온에 해당하므로 A 지역은 한랭 전선이 통과한 후에 기온이 9℃ 하강하였다.

ㄷ 선지   온난 전선면과 한랭 전선면은 각각 전선으로부터 지표상의 공기가 더 차가운 쪽에 위치한다. (O)
　　　　온난 전선면과 한랭 전선면은 각각 지표상의 공기가 더 차가운 쪽에 위치한다.

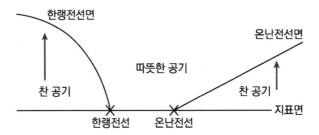

〈기출문항에서 가져가야 할 부분〉

1. 전선면은 항상 차가운 공기가 위치한 쪽으로 기울어져 있다.

2. 온대 저기압은 편서풍의 영향을 받는다는 것을 가지고 자료 관측 시간의 선후를 판단할 수 있다.

13 정답 : ③

〈문제 상황 파악하기〉

"A와 B는 동일 경도상이며~"라고 했으니 A와 B 중에서 어느 관측소가 고위도인지, 저위도인지 찾는 것이 중요하다. (나) 자료에서 A의 풍향 변화는 시계 방향이므로 B가 고위도, A가 저위도이다. 또한, 온대 저기압의 중심은 A와 B 사이를 통과한다.

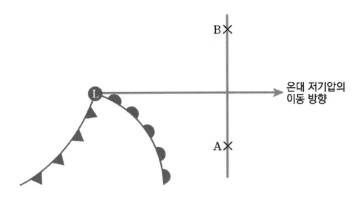

〈선지 판단하기〉

ㄱ 선지   A는 ⓒ 시기가 ⊙ 시기보다 찬 공기의 영향을 받았다. (O)

　　　　A 관측소에서 ⊙시기에 서풍 계열 바람이 불고, ⓒ시기에 북풍 계열의 바람이 불기 때문에 A 지역은 ⓒ시기가 ⊙시기보다 찬 공기의 영향을 받았다.

ㄴ 선지   한랭 전선은 경과 시간 12~18시에 B를 통과하였다. (X)

　　　　관측소 B는 온대 저기압의 중심이 이동한 경로보다 북쪽에 위치하므로 한랭 전선이 통과할 수 없다.

ㄷ 선지   A는 B보다 저위도에 위치한다. (O)

　　　　A 관측소는 B 관측소보다 저위도에 위치한다.

〈기출문항에서 가져가야 할 부분〉

1. (가) 자료를 통해 저기압이 관측소에 가까워지면 관측소에서 측정한 기압은 점차 낮아지고, 멀어지면 관측소에서 측정한 기압은 점차 높아진다.

2. 북반구 기준 온대 저기압 중심의 북쪽에 위치한 관측소에서 풍향의 변화는 반시계 방향이지만 (나) 자료에서처럼 실측 자료가 나온다면 사실 판단하기 힘들다. 그래서 항상 판단하기 편한 자료의 물리량을 가지고 먼저 판단하기를 권장한다. ex) (나) 자료 A의 풍향 변화

14 정답 : ②

〈문제 상황 파악하기〉

(나) 자료를 보면 B에서 관측한 기온은 높아지다가 낮아지는 변화가, 기압은 낮아지다가 높아지는 극적인 변화가 일어난다. 따라서 (나) 자료는 전선을 통과하는 B 관측소에서 측정한 자료다.

〈선지 판단하기〉

ㄱ 선지 (가)에서 A의 상층부에는 주로 층운형 구름이 발달한다. (X)

(가)에서 A 지역은 한랭 전선의 후면, 한랭 전선면의 밑에 위치하므로 적운형 구름이 발달한다.

ㄴ 선지 (나)는 B의 관측 자료이다. (O)

(나)는 B의 관측 자료다.

ㄷ 선지 (나)의 관측소에서 ㉠기간 동안 풍향은 시계 반대 방향으로 바뀌었다. (X)

B 관측소는 북반구에서 저기압 중심의 남쪽에 위치하므로 풍향이 시계 방향으로 변한다.

〈기출문항에서 가져가야 할 부분〉

1. 각 자료에서 극단적인 변화가 나타나는 부분을 중심으로 자료의 상황을 판단해야 한다.

15 정답 : ④

〈문제 상황 파악하기〉

(가) 자료는 온대 저기압의 등압선이 아닌 "등온선"에 대한 자료이다. 따라서 북쪽에 위치한 등온선일수록 온도가 낮다. (나) 자료는 적운형 구름에서 잘 나타날 수 있다.

〈선지 판단하기〉

ㄱ 선지 기온은 A가 C보다 낮다. (X)

A의 등온선은 C의 등온선보다 저위도에 위치하는 등온선이므로 기온은 C가 A보다 낮다.

ㄴ 선지 B에서는 남서풍이 우세하다. (O)

한랭 전선과 온난 전선 사이에서는 남서풍이 우세하다.

ㄷ 선지 (나)가 관측된 지역은 A이다. (O)

(나)는 적운형 구름에서 잘 나타나므로 (나)가 관측된 지역은 한랭 전선의 후면인 A이다.

〈기출문항에서 가져가야 할 부분〉

1. 이 문항에서는 특이하게 등압선이 아닌 등온선의 자료가 주어졌다. 그러므로 다른 문제들을 풀 때 어떤 물리량이 주어졌는지 발문을 통해 정확히 파악해야 한다.

16 정답 : ③

〈문제 상황 파악하기〉

(가)는 온난 전선, (나)는 한랭 전선이다.

Solution - 1 직관적인 풀이

(가)와 (나) 자료에서 등온선이 모여있는 부분이 전선임을 알아야 한다.

Solution - 2 논리적인 풀이

등온선이 조밀한 부분을 기준으로 (가) 자료는 오른쪽 온도가 낮고, 왼쪽 온도가 높으므로 (가)는 온난 전선, (나) 자료는 오른쪽 온도가 높고, 왼쪽 온도가 낮으므로 (나)는 한랭 전선이다.

(온대 저기압은 서 → 동 즉, 위 자료에서는 왼쪽에서 오른쪽으로 진행하기 때문이다.)

〈선지 판단하기〉

ㄱ 선지 온난 전선 주변의 지상 기온 분포는 (가)이다. (O)

온난 전선 주변의 지상 기온 분포는 (가)이다.

ㄴ 선지 A 지역의 상공에는 전선면이 나타난다. (O)

전선면은 찬 공기가 위치한 쪽으로 기울어져 있으므로 A 지역의 상공에는 전선면이 나타난다.

ㄷ 선지 B 지역에서는 북풍 계열의 바람이 분다. (X)

B 지역은 한랭 전선과 온난 전선 사이에 위치하므로 남풍계열 바람이 분다.

〈기출문항에서 가져가야 할 부분〉

1. 시험장에서 문항을 처음 풀이할 때는 직관적인 풀이 방법으로 시간을 단축하고, 검토할 때 논리적인 풀이 방법으로 검토하는 것을 추천한다.

2. 온난 전선의 전면은 후면보다 온도가 낮고, 한랭 전선의 전면은 후면보다 온도가 높다.

17 정답 : ②

〈문제 상황 파악하기〉

태풍이 관측소를 지나면서 기압은 V자 형태로 변화하고, 풍속은 기압과 반비례 하는 경향을 가지고 있는 것을 인지하고 문제 상황을 파악하자.

► 관측소 A는 풍향이 시계 방향으로 변하였고, 관측소 B는 풍향이 $T_1 \sim T_3$시기는 시계 방향으로, $T_3 \sim T_5$시기는 반시계 방향으로 변했다고 파악할 수 있다.

〈선지 판단하기〉

ㄱ 선지 $T_1 \sim T_4$ 동안 A는 위험 반원, B는 안전 반원에 위치한다. (X)

$T_1 \sim T_4$ A는 풍향이 시계 방향으로 회전하므로 위험 반원에 위치하지만 B는 $T_1 \sim T_3$시기에 풍향이 시계 방향으로 회전했으므로 위험 반원에 위치한다.

ㄴ 선지 태풍의 중심이 가장 가까이 통과한 시각은 A가 B보다 늦다. (O)

태풍의 중심이 가장 가까이 통과한 시기에 관측소에서 측정한 기압은 가장 낮을 것이므로 태풍의 중심이 가장 가까이 통과한 시각은 A가 B보다 늦다.

ㄷ 선지 $T_4 \sim T_5$ 동안 A와 B의 기온은 상승한다. (X)

$T_4 \sim T_5$ 동안 A의 기온은 하강한다.

〈기출문항에서 가져가야 할 부분〉

1. 위험 반원에 위치했던 관측소가 안전 반원에 위치하게 태풍이 이동할 수도 있다.

18 정답 : ④

〈문제 상황 파악하기〉

자료의 그래프에서 점선은 풍향에 대한 자료이다. 관측소 A에서 풍향은 시계 방향으로 변하니 관측소 A는 위험 반원에 위치하고, 관측소 B에서 풍향은 반시계 방향으로 변하니 관측소 B는 안전 반원에 위치한다.

〈선지 판단하기〉

ㄱ 선지   최대 풍속은 B가 A보다 크다. (X)

최대 풍속은 관측소 A가 관측소 B보다 크다.

ㄴ 선지   태풍 중심까지의 최단 거리는 A가 B보다 가깝다. (O)

태풍 중심까지의 최단 거리가 작을수록 관측소에서 관측되는 최저 기압은 낮아진다. 따라서 태풍 중심까지의 최단 거리는 A가 B보다 가깝다.

ㄷ 선지   B는 태풍의 안전 반원에 위치한다. (O)

관측소 B에서는 풍향이 반시계 방향으로 변하므로 안전 반원에 위치한다고 판단할 수 있다.

〈기출문항에서 가져가야 할 부분〉

1. 기압, 풍속, 풍향, 기온 등 여러 가지 물리량이 축에 등장한다면 물리량의 증가 방향, 값의 크기 등을 잘 보며 문제를 풀어야 한다.
2. 태풍 중심과의 거리가 가까울수록 관측소에서 관측하는 기압은 낮다.
3. 태풍의 중심 기압과 태풍의 최대 풍속은 반비례하는 경향을 보인다.

19 정답 : ④

〈문제 상황 파악하기〉

관측소 A는 풍향이 반시계 방향으로 변하므로 안전 반원에 위치한 관측소이고, 관측소 B는 풍향이 시계 방향으로 변하므로 위험 반원에 위치한 관측소다.

〈선지 판단하기〉

ㄱ 선지 (가)에서 태풍의 세력은 06시보다 12시에 강하다. (X)

06시 태풍의 중심 기압은 $975hPa$이고, 12시 태풍의 중심 기압은 $985hPa$이므로 태풍의 세력은 06시가 12시보다 강하다.

ㄴ 선지 태풍의 영향을 받는 동안 B는 위험 반원에 위치한다. (O)

관측소 B에서 풍향은 시계 방향으로 변하므로 관측소 B는 위험 반원에 위치한다.

ㄷ 선지 태풍의 이동 경로와 관측소 사이의 최단 거리는 A보다 B가 짧다. (O)

관측소 A에서 관측한 최저 기압은 $988 \sim 996hPa$이고, 관측소 B에서 관측한 최저 기압은 $988hPa$보다 낮으므로 태풍의 이동 경로와 관측소 사이의 최단 거리는 A보다 B가 짧다.

〈기출문항에서 가져가야 할 부분〉

1. 태풍의 중심 기압이 낮을수록 태풍의 세력이 강하다.

20 정답 : ③

〈문제 상황 파악하기〉

태풍이 통과할 때 풍향의 변화를 보면 시계 방향으로 변화하므로 관측소는 위험 반원에 위치하고, 풍속은 증가하다가 감소해야 하므로 A에 해당하는 물리량은 기온이다.

〈선지 판단하기〉

ㄱ 선지 A는 기온이다. (O)

A는 기온이다. (〈문제 상황 파악하기〉 참고.)

ㄴ 선지 태풍의 세력이 약해질수록 이동 속도는 빠르다. (X)

태풍의 세력이 약하면 중심 기압이 높다. 따라서 ㄴ 선지가 맞으려면 2일 00시에서 3일 12시로 갈수록 태풍의 이동 속도는 점차 증가해야 한다. 하지만 중간중간 감소하는 부분이 있으므로 태풍의 세력이 약해질수록 이동 속도는 빠르다고 할 수 없다.

ㄷ 선지 관측소는 태풍 진행 경로의 오른쪽에 위치하였다. (O)

북반구에서 풍향이 시계 방향으로 변화하므로 관측소는 태풍 진행 경로의 오른쪽에 위치하였다.

〈기출문항에서 가져가야 할 부분〉

1. 태풍의 세력이 약해질수록 태풍의 이동 속도가 빠른 것은 아니다. 자료 해석을 통해 판단하자.

21 정답 : ③

〈문제 상황 파악하기〉

(가) 자료에서 풍향의 변화는 시계 방향이고, (나) 자료에서 풍향의 변화는 반시계 방향이므로 (가)는 부산, (나)는 서울이라고 판단할 수 있다.

〈선지 판단하기〉

ㄱ 선지 태풍의 중심은 (가)가 관측된 장소의 서쪽을 통과하였다. (O)

부산은 위험 반원에 위치하므로 태풍의 중심이 부산의 서쪽을 통과했다고 할 수 있다.

ㄴ 선지 최저 기압은 (가)가 (나)보다 낮다. (X)

(가)에서 최저 기압은 $991 \sim 993hPa$이고, (나)에서 최저 기압은 대략 $990hPa$이므로 최저 기압은 (나)이 (가)보다 낮다.

ㄷ 선지 평균 풍속은 (가)가 (나)보다 크다. (O)

1. 평균 풍속은 위험 반원이 안전 반원보다 크다.
2. 각 자료의 풍속을 보고 (가)의 평균 풍속이 더 큰 것을 확인할 수 있다.

〈기출문항에서 가져가야 할 부분〉

1. 한반도에서 서울과 부산의 위치 정도는 알고 있자.

22 정답 : ③

표에서 관측소의 풍향은 시계 방향으로 변화했으므로 관측소의 위치는 ⓒ이다.

〈선지 판단하기〉

ㄱ 선지   A의 위치는 ⓒ에 해당한다. (O)

관측소 A의 위치는 ⓒ에 해당한다.

ㄴ 선지   태풍의 세력은 13일 03시가 12일 21시보다 강하다. (X)

13일 03시 태풍의 중심 기압은 $970hPa$이고, 12일 21시 태풍의 중심 기압은 $955hPa$이므로 태풍의 세력은 12일 21시가 13일 03시보다 강하다.

ㄷ 선지   태풍의 중심과 A 사이의 거리는 13일 06시가 13일 03시보다 멀다. (O)

13일 03시와 06시에 관측소에서 측정한 태풍의 중심 기압은 같으므로 풍향을 가지고 중심과의 거리를 판단해야 한다. 03시 관측소에서 관측한 풍향은 남남서풍이고, 06시 관측소에서 관측한 풍향은 남서풍이므로 06시에 관측한 태풍이 더 멀리 있다.

태풍의 위치를 자료에 표시해가며 해결할 수 있도록 하자.

〈기출문항에서 가져가야 할 부분〉

1. 관측소와 태풍의 중심 사이 거리는 관측소에서 측정한 기압으로 판단하는 것이 맞지만, 이 문항처럼 태풍의 중심 기압이 같다면 풍향을 통해서 파악할 수도 있다.

23 정답 : ⑤

〈문제 상황 파악하기〉

(나)자료를 보고 태풍의 중심에서 상층부로 가면 온도가 높아지는 것을 파악할 수 있다.

〈선지 판단하기〉

ㄱ 선지 A, B, C 중에 풍속이 가장 빠른 곳은 C이다. (O)

중위도에서 북상하는 태풍이므로 북반구에 위치한 태풍이다. 따라서 위험 반원은 중심보다 동쪽
에 위치한다. 따라서 A, B, C 중에 풍속이 가장 빠른 곳은 C이다.

ㄴ 선지 같은 높이에서 기온은 태풍의 중심으로 갈수록 높아진다. (O)

1. 같은 높이에서 태풍의 중심으로 갈수록 기온은 높아진다.

2. 태풍의 중심부에서는 단열 압축과정이 일어나니 같은 높이에서 중심으로 갈수록 기온이 높아
진다.

ㄷ 선지 B지점의 상공에서는 공기의 단열 압축이 일어난다. (O)

태풍의 중심부 상공에서는 공기의 단열 압축이 일어나 같은 고도 내의 다른 지점보다 기온이 높다.

〈기출문항에서 가져가야 할 부분〉

1. 발문에 "중위도에서 북상하는~"의 문장으로 북반구 중위도에 위치한 태풍의 동쪽은 위험 반원이, 서쪽은
안전 반원이 위치한 것을 기억해야 한다.

24 정답 : ②

〈문제 상황 파악하기〉

위험 반원의 풍속이 안전 반원의 풍속보다 빠르다. 따라서 태풍의 이동 방향은 북서 방향이고, 무역풍대에 위치한다는 것을 파악할 수 있다.

〈선지 판단하기〉

ㄱ 선지   태풍은 북동 방향으로 이동하고 있다. (X)

　　　　태풍은 북서 방향으로 이동하고 있다.

ㄴ 선지   태풍 중심 부근의 해역에서 수온 약층의 차가운 물이 용승한다. (O)

　　　　태풍의 중심 부근에서는 에크만 수송과 저기압에 의해 표층 해수가 발산하고 차가운 해수가 용승하는 저기압성 용승이 발생한다.

ㄷ 선지   태풍의 상층 공기는 반시계 방향으로 불어 나간다. (X)

　　　　태풍의 상층 공기는 시계 방향으로 불어 나간다.

　　　　(자세한 내용은 기출의 파급효과 지구과학I (중)권 p.49를 참고하자.)

〈기출문항에서 가져가야 할 부분〉

1. 위험 반원과 안전 반원의 풍속의 특징과 그 특징이 왜 나타나는지 알고 있어야 해당 문제에서 태풍의 이동 방향을 제대로 파악할 수 있다. (자세한 내용은 기출의 파급효과 지구과학I (중)권 p.47를 참고하자.)

2. 태풍은 저기압이므로 반시계방향으로 공기가 수렴하여 상승하다가 전향력의 영향으로 인해 시계 방향으로 발산한다. (자세한 내용은 기출의 파급효과 지구과학I (중)권 p.49를 참고하자.)

25 정답 : ⑤

〈문제 상황 파악하기〉

일단 9~18일까지 (가) 자료 위에 표시하거나 머릿속으로 생각해야 한다.

그리고 ㉠은 16일, ㉡은 14일, ㉢은 12일인 것 또한 판단해야 한다.

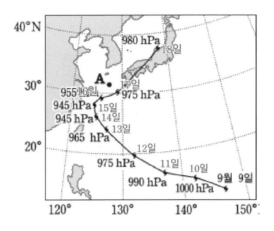

〈선지 판단하기〉

ㄱ 선지 태풍의 세력은 10일이 16일보다 약하다. (O)

태풍의 중심 기압은 10일에 $990hPa$이고, 16일에 $955hPa$이므로 태풍의 세력은 10일이 16일보다 약하다.

ㄴ 선지 14일 태풍 중심의 이동 방향과 이동 속도는 ㉡에 해당한다. (O)

14일 태풍 중심의 이동 방향과 이동 속도는 ㉡에 해당한다. (〈문제 상황 파악하기〉 참고.)

ㄷ 선지 16일과 17일 사이에는 A 지점의 풍향이 반시계 방향으로 변한다. (O)

16, 17일 관측소 A는 저기압 중심 진행 방향에 왼쪽에 위치하므로 풍향은 반시계 방향으로 변한다.

〈기출문항에서 가져가야 할 부분〉

1. 각 시기의 풍향을 대략적으로 파악하고 풍속, 기압 등의 물리량을 이용해서 정확한 시기를 파악하는 것이 중요하다.

26 정답 : ④

〈문제 상황 파악하기〉

(가)와 (나) 자료를 통해서 우리나라 주변에 태풍(열대 저기압)이 위치하는 것을 알 수 있다. 또한, (가)와 (나) 자료가 관측된 시간이 다른 것에 주의해야 한다.

〈선지 판단하기〉

ㄱ 선지 (가)의 A 해역에서 표층 해수의 침강이 나타난다. (X)

   태풍의 중심 부분에서는 에크만 수송과 기압에 의해 용승이 일어난다.

ㄴ 선지 (가)에서 구름 최상부의 고도는 B가 C보다 높다. (O)

   적외선 영상 자료는 밝게 나타날수록 구름의 고도가 높으므로 고도는 B가 C보다 높다.

ㄷ 선지 (나)에서 풍속은 E가 D보다 크다. (O)

   풍속은 등압선이 조밀한 곳에서 크므로 풍속은 E가 D보다 크다.

〈기출문항에서 가져가야 할 부분〉

1. 적외선 영상은 물체가 방출하는 적외선 복사 에너지량을 측정하는 자료이고, 적외선 방출량은 물체의 온도가 높을수록 많이 방출되므로 고도가 높은 구름은 적외선 방출량이 적다.

27 정답 : ②

〈문제 상황 파악하기〉

(나) 자료에서 표층 수온의 분포를 보고 ⓒ시기가 태풍 통과 전, ㉠시기가 태풍 통과 후인 것을 알 수 있다.

〈선지 판단하기〉

ㄱ 선지 태풍이 통과하기 전의 수온 분포는 ㉠이다. (X)

   태풍이 통과하면 강한 바람에 의해서 수온약층의 차가운 물이 섞이므로 표층 해수의 수온이 낮아진다. 따라서 ㉠은 통과 후 수온 분포이다.

ㄴ 선지 태풍이 지나가는 동안 A 지점에서는 풍향이 시계 방향으로 변한다. (X)

   A 지점은 저기압 중심 진행 방향에 왼쪽에 위치하므로 풍향은 반시계 방향으로 변한다.

ㄷ 선지 태풍이 지나가는 동안 관측된 최대 풍속은 A 지점보다 B 지점에서 크다. (O)

   태풍의 풍속은 중심부 근처에서 가장 크게 나타나므로 태풍이 지나가는 동안 관측된 최대 풍속은 A 지점보다 B 지점에서 크다.

〈기출문항에서 가져가야 할 부분〉

1. 깊이, 고도의 물리량이 나오면 지표면 부분(0m)을 기준으로 판단하는 것이 가장 편하다.

2. 태풍의 중심부에 위치한 해양에서는 에크만 수송과 기압에 의한 용승이 일어난다. 따라서 표층 수온이 낮다.

28 정답 : ②

〈문제 상황 파악하기〉

(가) 자료에서 불연속적인 분포를 보이는 점선이 풍향이고, 연속적인 분포를 보이는 실선이 풍속인 것을 알 수 있다. (나) 자료에서 태풍에 의해 표층 수온이 낮아진 것을 파악할 수 있다.

〈선지 판단하기〉

ㄱ 선지   A 시기에 태풍의 눈은 관측소를 통과하였다. (X)

   A 시기에 풍속이 강하다가 갑자기 약해지는 시기가 나타나지 않으므로 A 시기에 태풍의 눈은 관측소를 통과하지 않았다.

ㄴ 선지   B 시기에 관측소는 태풍의 안전 반원에 위치하였다. (O)

   B 시기 풍향은 남동풍 → 북동풍 → 북서풍 → 남서풍으로 변했으므로 풍향은 반시계방향으로 변했다. 따라서 B 시기에 관측소는 태풍의 안전 반원에 위치하였다.

ㄷ 선지   A 시기의 급격한 수온 하강은 B 시기에 통과하는 태풍을 강화시켰다. (X)

   태풍의 에너지원은 잠열이다. A 시기 태풍에 의해 수온이 급격히 하강하면 해양에서 태풍으로 수증기와 잠열의 공급이 줄어듦으로 A 시기의 급격한 수온 하강은 B 시기에 통과하는 태풍을 약화시켰다.

〈기출문항에서 가져가야 할 부분〉

1. 북반구에서 저기압 중심 진행 방향에 왼쪽에 위치하면 풍향은 반시계 방향으로 변한다.

2. 북반구에서 저기압 중심 진행 방향에 오른쪽에 위치하면 풍향은 시계 방향으로 변한다.

3. 태풍의 에너지원은 해양에서 공급되는 잠열과 수증기이다. 잠열과 수증기의 공급은 해양의 표층 수온이 높을수록 많아진다.

29 정답 : ②

〈문제 상황 파악하기〉

중심부 가까이 갈수록 커지다 중심부에서 갑자기 감소하는 A는 풍속이다. B는 중심부 쪽으로 갈수록 작아지므로 기압이라고 판단할 수 있다. 따라서 나머지 C는 강수량을 나타낸다.

〈선지 판단하기〉

ㄱ 선지 B는 강수량이다. (X)

　　　　B는 기압이다.

ㄴ 선지 지역 ㉠에서는 상승 기류가 나타난다. (O)

　　　　지역 ㉠은 저기압 중심 근처에 위치하므로 상승 기류가 나타난다.

ㄷ 선지 일기도에서 등압선 간격은 지역 ㉢에서가 지역 ㉡에서보다 조밀하다. (X)

　　　　대체로 태풍(열대 저기압)에서 등압선의 간격은 중심부에 가까울수록 조밀하다. 등압선 간격이 조밀할수록 풍속이 강하다.

〈기출문항에서 가져가야 할 부분〉

1. 태풍에서 풍속은 가장자리에서 중심부로 갈수록 커지지만, 중심부 근처에서 태풍의 눈으로 갈수록 작아진다.

2. 태풍은 저기압이므로 대체로 상승 기류가 나타나지만, 태풍의 눈에서는 약한 하강 기류가 나타난다.

3. ㄷ 선지를 이런 식으로 해석할 수도 있다. ㉡지역은 풍속이 큰 지역이므로 등압선의 간격이 조밀하고, ㉢지역은 풍속이 작은 지역이므로 등압선의 간격이 조밀하지 않다고 할 수 있다.

30 정답 : ①

〈문제 상황 파악하기〉

03, 12, 21시 위도(˚N), 경도(˚E)를 가지고 태풍의 중심이 다음과 같이 이동한 것을 알 수 있다.

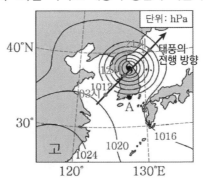

〈선지 판단하기〉

ㄱ 선지 태풍이 지나가는 동안 A 지점의 풍향은 시계 방향으로 변한다. (O)

 A 지점은 저기압 중심 이동 방향의 오른쪽에 위치하므로 풍향이 시계 방향으로 변한다.

ㄴ 선지 12시에 A 지점에서는 북풍 계열의 바람이 우세하다. (X)

 12시에 A 지점에서 풍향은 남풍 계열의 바람이 우세하다.

ㄷ 선지 이날 태풍의 최대 풍속은 21시에 가장 크다. (X)

 태풍의 최대 풍속은 중심 기압이 낮을수록 빠르다. 하지만 21시 태풍의 중심 기압은 가장 높으므로 태풍의 최대 풍속은 21시가 아니다.

〈기출문항에서 가져가야 할 부분〉

1. 위도(˚N), 경도(˚E)를 가지고 태풍 중심의 위치를 파악할수도 있다는 것을 기억하자.
 위도(˚N) : 지구상에 임의의 가로선으로 북극이 90˚N, 적도가 0˚, 남극이 90˚S로 나타낸다.
 경도(˚E) : 지구상에 임의의 세로선으로 영국 그리니치 천문대가 경도 0˚이다.

31 정답 : ②

〈문제 상황 파악하기〉

태풍이 이동하는 동안 기압은 V자 형태로 변하므로 ⓒ은 기압이고 나머지 ⑤은 풍속이다. (나) 자료는 가시 영상이므로 관측 시기는 오전이다.

〈선지 판단하기〉

ㄱ 선지   기압은 ⑤이다. (X)

　　　　 ⑤은 풍속이다.

ㄴ 선지   (가)의 기간 동안 P에서 풍향은 시계 반대 방향으로 변했다. (O)

　　　　 관측소 P는 북반구에서 저기압 중심 진행 방향에 왼쪽에 위치하므로 풍향은 시계 반대 방향으로 변했다.

ㄷ 선지   (나)의 영상은 (가)에서 풍속이 최소일 때 촬영한 것이다. (X)

　　　　 (가)에서 풍속이 최소일 때는 02~03시 사이 새벽이므로 가시 영상이 촬영될 수 없다.

〈기출문항에서 가져가야 할 부분〉

1. "태풍이 지나갈 때 기압의 변화가 V자 형태이다."라는 명제는 자료에서 기압의 증가 방향이 어디인지 파악하고 사용하자.

2. 위 문제의 자료를 오전이라고 추측할 수 있는 이유는 (나) 자료에서 서쪽은 구름이 존재하지 않는 것처럼 보이기 때문이다. 실제로 구름이 존재하지 않는 것이 아닌, 아직 해가 뜨지 않았기 때문에 나타나는 현상이라고 볼 수 있다. (해는 동쪽에서 뜨고 서쪽에서 지기 때문)
만약 동쪽에는 구름이 없고 서쪽에만 있는 것처럼 보인다면 그 자료를 촬영한 시각은 늦은 오후일 것이다.

32 정답 : ③

〈문제 상황 파악하기〉

뇌우의 발달 과정은 (나) → (다) → (가)인 것을 알아야 한다.

〈선지 판단하기〉

ㄱ 선지   뇌우의 발달 과정은 (나) → (다) → (가) 순이다. (O)

　　　　 뇌우의 발달 과정은 (나) → (다) → (가) 순이다.

ㄴ 선지   뇌우는 온난 전선이 통과할 때 잘 만들어진다. (X)

　　　　 뇌우는 적운형 구름이 만들어지는 한랭 전선이 통과할 때 잘 만들어진다.

ㄷ 선지   천둥, 번개가 가장 잘 발생하는 단계는 (다)이다. (O)

　　　　 (다) 단계에서는 천둥, 번개가 가장 잘 발생하는 단계이다.

〈기출문항에서 가져가야 할 부분〉

1. 뇌우의 발달 과정은 기출의 파급효과 지구과학Ⅰ (중)권 p.52를 참고하자.

33 정답 : ④

〈문제 상황 파악하기〉

지구 온난화가 발생하면 몽골 지역에서 일어나는 기후 변화에 대하여 나타낸 자료임을 파악하고 선지를 판단하자.

〈선지 판단하기〉

ㄱ 선지   ㉠으로 인해 지표면의 반사율은 감소한다. (X)

삼림의 면적이 감소하여 사막화가 진행되면 지표면의 반사율은 증가한다.

ㄴ 선지   몽골 지역의 사막화는 인간 활동에 의해 가속화되고 있다. (O)

몽골 지역의 사막화는 인구증가, 과잉 방목, 자원채굴의 증가, 토양 침식 증가 등 인간의 활동에 의해 가속화되고 있다.

ㄷ 선지   몽골 지역의 사막화가 계속되면 우리나라의 황사 발생 가능성은 커진다. (O)

우리나라에 영향을 미치는 황사는 몽골, 중국의 사막에서 먼지, 모래 등이 편서풍을 타고 이동해서 우리나라에 영향을 미치므로 몽골 지역의 사막화가 계속되면 우리나라의 황사 발생 가능성은 커진다.

〈기출문항에서 가져가야 할 부분〉

1. 황사는 중국, 몽골 지역 사막에서 먼지, 모래 등이 편서풍을 타고 우리나라로 이동해오는 것을 말한다.
2. 태양 복사 에너지의 지표면에서 반사율은 기출의 파급효과 지구과학Ⅰ (중)권 p.210를 참고하자.

34 정답 : ⑤

〈문제 상황 파악하기〉

1년 중 우박의 크기는 여름철에 가장 크고, 우박의 발생 일수는 겨울철에 가장 많다.

〈선지 판단하기〉

ㄱ 선지 우박은 7월에 가장 빈번하게 발생하였다. (X)

　　　　우박은 겨울철(11~12월)에 가장 빈번하게 발생하였다.

ㄴ 선지 (나)에서 빙정이 우박으로 성장하기 위해서는 과냉각 물방울이 필요하다. (O)

　　　　빙정이 우박으로 성장하기 위해서는 과냉각 물방울이 필요하다.

ㄷ 선지 상승 기류는 여름철 우박의 크기가 커지는 주요 원인이다. (O)

　　　　여름철에는 강한 상승 기류가 발생할 수 있으므로 우박의 크기가 커질 수 있다.

〈기출문항에서 가져가야 할 부분〉

1. 우박이 만들어지기 위해서는 과냉각 상태의 물방울이 필요하다.

2. 여름철에는 상승 기류는 잘 발달하지만, 기온이 너무 높아서 우박이 발생하기 힘들다. 하지만, 여름철에 우박이 만들어지면 그 크기가 매우 커진다.

3. 겨울철에는 기온이 낮아서 빙정이 만들어질 수 있지만, 상승 기류가 잘 발달하지 않아서 우박의 크기가 크게 발달하기 힘들다.

4. 우박은 대체로 봄이나 가을철에 발생한다.

35 정답 : ③

〈문제 상황 파악하기〉

(가), (나) 자료는 "같은 날 같은 시각"자료이므로 (나) 자료에 구름의 분포를 가지고 장마 전선의 위치를 대략적으로 파악할 수 있다. 따라서 장마 전선은 아래 그림처럼 분포한다.

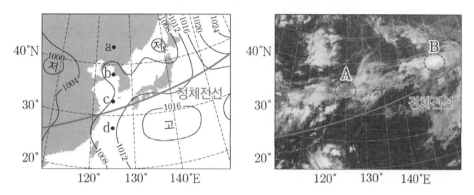

〈선지 판단하기〉

ㄱ 선지   북태평양 고기압은 고온 다습한 공기를 우리나라로 공급한다. (O)

우리나라에서 장마 전선은 대부분 북태평양 기단과 오호츠크해 기단이 만나 형성되므로 북태평양 고기압은 고온 다습한 공기를 우리나라로 공급한다.

ㄴ 선지   125°E에서 장마 전선은 지점 a와 지점 b 사이에 위치한다. (X)

125°E에서 장마 전선은 지점 c와 지점 d 사이에 위치한다.

ㄷ 선지   구름 최상부의 온도는 영역 A가 영역 B보다 높다. (O)

구름의 고도가 높을수록 구름의 온도가 낮으므로 (나)의 적외선 영상 자료를 보고 구름 최상부의 온도는 영역 A가 영역 B보다 높다고 판단할 수 있다.

〈기출문항에서 가져가야 할 부분〉

1. 적외선 영상 자료는 물체에서 방출하는 적외선 복사 에너지량을 측정하는 자료이다. 적외선 방출량은 물체의 온도가 높을수록 많이 방출되고 구름은 고도가 높을수록 온도가 낮아서 적외선 방출량이 적다.

36 정답 : ①

〈문제 상황 파악하기〉

(가) 자료를 보고 황사가 B 지역보다 A 지역에 먼저 영향을 미쳤다는 것을 알 수 있다. 따라서 (나) 자료에서 ㉠이 A 지역에서 측정한 황사 농도고, ㉡이 B 지역에서 측정한 황사 농도인 것을 알 수 있다.

〈선지 판단하기〉

ㄱ 선지 A에서 측정한 황사 농도는 ㉠이다. (O)

  A에서 측정한 황사 농도는 ㉠이다.

ㄴ 선지 발원지에서 5월 30일에 발생하였다. (X)

  5월 30일은 이미 황사가 A 지역에 영향을 미친 이후이므로 발원지에서 황사는 5월 29일 전에 발생했다고 판단할 수 있다.

ㄷ 선지 무역풍을 타고 이동하였다. (X)

  우리나라와 황사의 발원지(몽골, 중국의 사막)는 편서풍대에 위치하므로 황사는 편서풍을 타고 이동하였다.

〈기출문항에서 가져가야 할 부분〉

1. 황사 먼지가 먼저 도달하는 지역에서 황사 농도가 먼저 증가할 것이다.

memo

04 해설

01 정답 : ④

〈문제 상황 파악하기〉

산소(O_2)의 농도는 깊이가 깊어지면서 생물체들이 호흡하는 데 사용하고, 광합성량이 줄어들면서 용존 산소의 농도가 감소하다가 심해층에서는 심층수가 용존 산소를 심해층에 공급하므로 농도가 증가한다. 따라서 A는 산소(O_2)의 농도이고, B는 이산화탄소(CO_2)의 농도이다.

〈선지 판단하기〉

ㄱ 선지 A의 농도는 표층에서 가장 낮다. (X)

　　　A의 농도는 표층에서 가장 높다.

ㄴ 선지 B는 이산화 탄소이다. (O)

　　　B는 이산화 탄소(CO_2)이다.

ㄷ 선지 심해층의 A는 극지방의 표층 해수로부터 공급된다. (O)

　　　심해층의 A는 극지방의 표층수 침강으로 인해 공급된다.

〈기출문항에서 가져가야 할 부분〉

1. 깊이에 상관없이 이산화 탄소의 농도는 산소의 농도보다 훨씬 높다.

02 정답 : ①

〈문제 상황 파악하기〉

혼합층의 두께는 바람의 세기와 비례한다. 따라서 혼합층의 두께가 두꺼울수록 바람이 강하게 부는 지역이다.

〈선지 판단하기〉

ㄱ 선지 바람의 세기는 A가 B보다 강하다. (O)

　　　바람의 세기는 A가 B보다 강하다.

ㄴ 선지 혼합층 두께는 B가 C보다 두껍다. (X)

　　　혼합층 두께는 C가 B보다 두껍다.

ㄷ 선지 A의 혼합층 두께는 겨울이 여름보다 얇다. (X)

　　　우리나라 바람의 세기는 여름보다 겨울철에 더 세기 때문에 겨울철에 혼합층이 더 잘 발달한다.

〈기출문항에서 가져가야 할 부분〉

1. 여름철보다 겨울철에 혼합층이 더 잘 발달한다. 왜냐하면 우리나라는 여름보다 겨울에 바람이 더 강하게 불기 때문이다. (바람이 겨울철에 더 강하게 부는 이유는 시베리아 고기압의 세력이 강하기 때문이다.)

2. 겨울철보다 여름철에 수온약층이 더 잘 발달한다. 여름철의 표층 수온이 겨울철의 표층 수온보다 높기 때문이다.

03 정답 : ②

〈문제 상황 파악하기〉

깊이가 깊어질수록 태양 복사 에너지의 도달량이 줄어들기 때문에 수온은 깊이가 깊어짐에 따라서 감소할 것이다. 따라서 ㉠이 수온이고, 실선은 염분이라고 판단할 수 있다.

〈선지 판단하기〉

ㄱ 선지 ㉠은 염분을 나타낸다. (X)

　　　　㉠은 수온을 나타낸다.

ㄴ 선지 깊이 500m의 해수 밀도는 $1.026g/cm^3$보다 크다. (O)

　　　　깊이 500m의 해수의 밀도는 수온 염분도(T-S)에 오른쪽과 같이 표시할 수 있다. 따라서 깊이 500m의 해수 밀도는 $1.026g/cm^3$보다 크다.

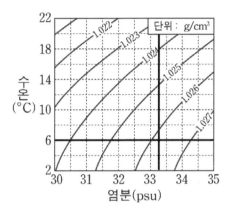

ㄷ 선지 구간 A에서 해수의 밀도 변화는 수온보다 염분에 더 영향을 받는다. (X)

　　　　A 구간이 시작하는 지점에서 (수온,염분)을 보면 (16℃,34.0psu)이고, A 구간이 끝나는 지점에서 (수온,염분)을 보면 (4℃,33.5psu)이므로 대략적인 변화를 오른쪽과 같이 나타낼 수 있다. 깊이가 깊어질수록 염분은 감소했지만 수온은 낮아져 밀도가 증가했다. 따라서 구간 A에서 해수의 밀도 변화는 염분보다 수온에 더 영향을 받는다.

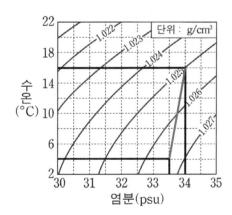

〈기출문항에서 가져가야 할 부분〉

1. "~에 영향을 더 받는다"라는 식의 선지는 변화에 영향을 미치는 요인을 통해 판단하자.

04 정답 : ①

〈문제 상황 파악하기〉

B가 C보다 고위도에 위치하므로 표층 수온은 $T_B < T_C$ 이다. 따라서 ㉠은 C이고, ㉡은 B이다.

〈선지 판단하기〉

ㄱ 선지   ㉡은 B에 해당한다. (O)

  ㉡은 B에 해당한다.

ㄴ 선지   해수의 밀도는 A가 C보다 크다. (X)

  해수의 밀도는 C가 A보다 크다.

ㄷ 선지   B와 C의 해수 밀도 차이는 수온보다 염분의 영향이 더 크다. (X)

  B와 C의 해수 밀도 차이는 염분보다 수온의 영향이 더 크다.

〈기출문항에서 가져가야 할 부분〉

1. 수온은 대체로 위도에 반비례하는 경향을 띤다.

05 정답 : ①

〈문제 상황 파악하기〉

수온과 염분에 대한 연직 자료가 나타나 있다. 깊이에 따라 변화하는 물리량을 주의해서 문제를 풀자.

〈선지 판단하기〉

ㄱ 선지   해수면에서의 염분은 2월보다 9월이 작다. (O)

  2월에 해수면에서 염분은 약 $34.2\mathrm{psu}$ 이고, 9월에 해수면에서 염분은 약 $32.8\mathrm{psu}$ 이므로 해수면에서의 염분은 2월보다 9월이 작다.

ㄴ 선지   수온의 연교차는 깊이 $0\mathrm{m}$ 보다 $80\mathrm{m}$ 에서 크다. (X)

  $0\mathrm{m}$ 에서 수온의 연교차는 대략 $12℃$ 이고, $80\mathrm{m}$ 에서 수온의 연교차는 대략 $6℃$ 이므로 수온의 연교차는 깊이 $0\mathrm{m}$ 가 $80\mathrm{m}$ 보다 크다.

ㄷ 선지   깊이 $0 \sim 20\mathrm{m}$ 구간에서 해수의 평균 밀도는 3월보다 8월이 크다. (X)

  해수의 평균 밀도는 수온에 반비례하고 염분에 비례하므로 3월과 8월의 수온과 염분은 오른쪽 표와 같다. 따라서 깊이 $0 \sim 20\mathrm{m}$ 구간에서 해수의 평균 밀도는 3월보다 8월이 작다.

구분	3월	8월
염분	$S\uparrow$	$S\downarrow$
수온	$T\downarrow$	$T\uparrow$
평균 밀도	$\rho\uparrow$	$\rho\downarrow$

〈기출문항에서 가져가야 할 부분〉

1. 수온의 연교차는 해당 시기의 (최대 온도-최저 온도)로 구할 수 있다.

2. 해수의 평균 밀도는 수온에 반비례하고, 염분에 비례한다.

06 정답 : ②

〈문제 상황 파악하기〉

우리나라 주변 해수의 온도가 대략 20℃ 보다 높으므로 여름철에 자료를 측정했다고 판단할 수 있다.

〈선지 판단하기〉

ㄱ 선지 겨울철에 관측한 것이다. (X)

　　　　여름철에 관측한 것이다.

ㄴ 선지 A 해역에는 담수 유입이 일어나고 있다. (O)

　　　　A 해역에서는 주변보다 염분이 낮으므로 중국 연안에서 담수의 유입이 일어나고 있고 볼 수 있다.

ㄷ 선지 표층 해수의 밀도는 A 해역이 B 해역보다 크다. (X)

　　　　해수의 밀도는 수온에 반비례하고, 염분에 비례하므로
　　　　오른쪽 표로 판단할 수 있다.

구분	A	B
염분	$S\downarrow$	$S\uparrow$
수온	$T\uparrow$	$T\downarrow$
평균 밀도	$\rho\downarrow$	$\rho\uparrow$

〈기출문항에서 가져가야 할 부분〉

1. 해수의 평균 밀도는 수온에 반비례하고, 염분에 비례한다.

2. 우리나라 주변에서 겨울철 평균 표층 수온은 대략 10℃ 정도이고, 여름철 평균 표층 수온은 대략 25℃ 정도이다. (2021년 3월 학력평가 12번 참고.)

07 정답 : ③

〈문제 상황 파악하기〉

자료를 먼저 해석하고 선지를 판단하기보다 선지를 먼저 보고 자료를 해석하는 것이 조금 더 효율적인 풀이 방법인 문제이다.

〈선지 판단하기〉

ㄱ 선지 강물의 유입으로 A의 염분이 주변보다 낮다. (O)

A 해역에서는 주변보다 염분이 낮으므로 중국으로부터 담수의 유입이 일어나고 있다고 볼 수 있다. 따라서 A 지역의 염분이 주변 지역 염분보다 낮다.

ㄴ 선지 밀도는 B가 C보다 작다. (O)

해수의 밀도는 수온에 반비례하고, 염분에 비례하므로 오른쪽 표로 판단할 수 있다.

	B	C
염분	$S\downarrow$	$S\uparrow$
수온	$T\uparrow$	$T\downarrow$
평균 밀도	$\rho\downarrow$	$\rho\uparrow$

ㄷ 선지 수온만을 고려할 때, 산소 기체의 용해도는 B가 C보다 작다. (X)

지구과학I에서 기체의 용해도는 수온에 반비례하므로 산소 기체의 용해도는 수온이 낮은 B가 C보다 크다.

〈기출문항에서 가져가야 할 부분〉

1. 지구과학I에서 기체의 용해도는 수온에 반비례한다.
2. 담수의 유입이 있으면 해수의 밀도가 감소한다.

08 정답 : ③

〈문제 상황 파악하기〉

수온-염분도를 보고 A와 B에 해당하는 물리량을 찾을 수 있어야 한다.

〈선지 판단하기〉

ㄱ 선지   A 시기에 깊이가 증가할수록 밀도는 증가한다. (O)

A 시기에 "깊이가 증가할수록" 밀도는 증가한다.

ㄴ 선지   50m 깊이에서 산소의 용해도는 A 시기가 B 시기보다 높다. (O)

산소의 용해도는 수온에 반비례하므로 50m 깊이에서 산소의 용해도는 A 시기가 B 시기보다 높다.

ㄷ 선지   유입된 담수의 양은 A 시기가 B 시기보다 적다. (X)

담수가 유입되면 표층에서 염분은 감소하므로 A는 담수가 유입된 해역이고, B는 담수가 유입되지 않은 해역이라고 판단할 수 있다.

〈기출문항에서 가져가야 할 부분〉

1. ㄱ 선지에서 가장 중요한 단어는 "깊이가 증가할수록"이다. 수온-염분도(T-S)에서 밀도 증가 방향을 제대로 알고 있을 때, 깊이가 증가할수록 밀도가 증가하는지 판단해야 한다.

09 정답 : ③

〈문제 상황 파악하기〉

자료를 먼저 해석하고 선지를 판단하기보다 선지를 먼저 보고 자료를 해석하는 것이 조금 더 효율적인 풀이 방법인 문제이다.

〈선지 판단하기〉

① 선지 A는 지구 복사 에너지이다. (X)

적도에는 에너지 과잉이므로 A는 태양 복사 에너지이다.

② 선지 B는 적도 지역에서 최대이다. (X)

(가) 자료를 자세히 보면 B(지구 복사 에너지)는 적도보다 대략 위도 20°에서 최대이다.

③ 선지 대기에 의한 에너지 수송량은 해양보다 크다. (O)

(나) 자료를 보면 대기에 의한 에너지 수송량은 해양에 의한 에너지 수송량보다 크다고 판단할 수 있다.

④ 선지 A와 B의 차이가 가장 큰 위도에서 에너지 수송량이 최대이다. (X)

A(태양 복사 에너지)와 B(지구 복사 에너지)의 차이가 가장 작은 위도에서 에너지 수송량이 최대 이다.

⑤ 선지 에너지 수송량이 최대인 위도에서 해양에 의한 수송량이 대기보다 크다. (X)

에너지 수송량이 최대인 위도는 대략 38° 부근이므로 위도 38° 부근에서 에너지 수송량은 대기 가 해양보다 크다.

〈기출문항에서 가져가야 할 부분〉

1. 대기에 의한 에너지 수송량이 해양에 의한 에너지 수송량보다 많다.

2. 에너지 수송량은 지구 복사 에너지양과 태양 복사 에너지양이 같아지는 위도 38° 부근에서 가장 크다.

10 정답 : ③

〈문제 상황 파악하기〉

북태평양에서 표층 해류의 이동 방향을 알고 있어야 한다.

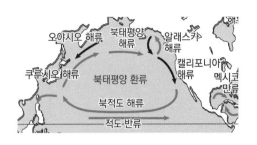

〈선지 판단하기〉

ㄱ 선지 A는 편서풍의 영향을 받는다. (O)

　　　　A는 위도 30 ~ 60° 사이이므로 편서풍의 영향을 받는다.

ㄴ 선지 B는 아열대 순환의 일부이다. (X)

　　　　B는 아열대 순환이 아닌 아한대 순환의 일부이다.

ㄷ 선지 북아메리카 해안에서 발견된 운동화는 북태평양 해류의 영향을 받았다. (O)

　　　　북태평양에서 유실된 운동화이므로 북태평양 해류의 영향을 받았다고 판단할 수 있다.

〈기출문항에서 가져가야 할 부분〉

1. B 해류는 알래스카 해류이다. 굳이 외울 필요는 없다.

11 정답 : ⑤

〈문제 상황 파악하기〉

우리나라의 풍향 분포를 보면 시베리아 쪽에서 바람이 부는 것을 확인할 수 있다. 따라서 북서 계절풍이
부는 겨울철이므로 1월의 풍향 분포이다.

〈선지 판단하기〉

ㄱ 선지 1월의 평년 풍향 분포에 해당한다. (O)

　　　　1월의 평년 풍향 분포에 해당한다.

ㄴ 선지 지역 A의 표층 해류의 방향과 북태평양 해류의 방향은 반대이다. (X)

　　　　A는 남극 순환류이므로 이동 방향이 서 → 동 방향이고, 북태평양 해류의 이동 방향은 서 → 동이
　　　　므로 해류의 방향이 반대가 아니다.

ㄷ 선지 지역 B의 고기압은 해들리 순환의 하강으로 생성된다. (O)

　　　　B 지역은 위도 30° 부근에 위치하므로 해들리 순환의 하강으로 고기압이 생성되었다고 판단할
　　　　수 있다.

〈기출문항에서 가져가야 할 부분〉

1. 우리나라 주변 기압 배치 분포를 보고 1월과 7월을 판단할 수 있어야 한다.

2. 위도 30° 부근에 위치하는 고기압은 해들리 순환의 하강에 의해 만들어진다.

12 정답 : ②

⟨문제 상황 파악하기⟩

자료에 대략적인 위도 표시만 하고 선지를 읽고 판단하면 효율적으로 문제를 풀이할 수 있다.

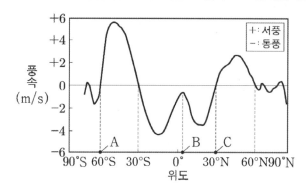

⟨선지 판단하기⟩

ㄱ 선지 남북 방향의 온도 차는 A가 C보다 작다. (X)

C 지역은 하강 기류에 의해 비슷한 성질의 공기가 발산하는 곳이고, A 지역은 성질이 다른 두 공기가 만나 수렴하는 곳이므로 남북 방향의 온도 차는 A가 C보다 크다.

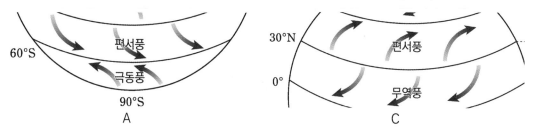

ㄴ 선지 B에서는 해들리 순환의 상승 기류가 나타난다. (O)

B는 열대 수렴대가 위치하는 부분이므로 해들리 순환의 상승 기류가 나타난다고 판단할 수 있다.

ㄷ 선지 C에 생성되는 고기압은 지표면 냉각에 의한 것이다. (X)

C에 생성되는 고기압은 해들리 순환의 하강에 의해 생성된다.

⟨기출문항에서 가져가야 할 부분⟩

1. 특정 지역에서 남북 방향 온도 차는 공기가 수렴하는 부분이 공기가 발산하는 지역보다 크다.

2. 11번 문제 ㄷ 선지의 내용을 기억하고 있다면 12번 문제 ㄷ 선지도 어렵지 않게 해결할 수 있다.

13 정답 : ⑤

〈문제 상황 파악하기〉

동한 난류(A)의 세기를 보고 상대적으로 높은 위도까지 이동하는 (가)는 여름철, 상대적으로 낮은 위도까지 이동하는 (나)는 겨울철이다.

〈선지 판단하기〉

ㄱ 선지 (가)와 (나)의 평균 속력 차는 해역 A보다 B에서 크다. (X)

　　　　(가)와 (나)의 평균 속력 차는 해역 A보다 B에서 작다.

ㄴ 선지 동한 난류의 평균 속력은 (나)보다 (가)가 빠르다. (O)

　　　　동한 난류의 평균 속력은 (나)보다 (가)가 빠르다.

ㄷ 선지 해역 C에 흐르는 해류는 북태평양 아열대 순환의 일부이다. (O)

　　　　쿠로시오 해류는 북태평양 아열대 순환의 일부이다.

〈기출문항에서 가져가야 할 부분〉

1. 우리나라 주변의 해수의 움직임을 통해 계절을 판단할 수 있어야 한다.

14 정답 : ③

〈문제 상황 파악하기〉

(가) 자료를 보고 나타난 자료가 우리나라 주변의 자료인 것을 파악할 수 있어야 한다.

〈선지 판단하기〉

ㄱ 선지 ㉠ 구간에는 난류가 흐른다. (O)

　　　　난류의 정의는 저위도에서 고위도로 해수의 이동이므로 ㉠구간에는 난류가 흐른다.

ㄴ 선지 ㉡ 구간의 표층 해류는 무역풍의 영향을 받아 흐른다. (O)

　　　　㉡ 구간의 위도는 $0 \sim 30\,°$ 이므로 무역풍의 영향을 받아 흐른다.

ㄷ 선지 북태평양에서 아열대 표층 순환의 방향은 시계 반대 방향이다. (X)

　　　　북태평양에서 아열대 표층 순환의 방향은 시계 방향이다.

〈기출문항에서 가져가야 할 부분〉

1. 난류의 정의는 "따뜻한 해수의 이동"이 아니고 "저위도에서 고위도 방향으로 이동하는 해수"이다.
2. 한류의 정의는 "차가운 해수의 이동"이 아니고 "고위도에서 저위도 방향으로 이동하는 해수"이다.

15 정답 : ⑤

〈문제 상황 파악하기〉

C는 해들리 순환, B는 페렐 순환, A는 극 순환임을 알아야 한다.

〈선지 판단하기〉

ㄱ 선지   한대 전선대는 A와 B 순환의 경계에서 형성된다. (O)

한대 전선대는 극 순환과 페렐 순환에 의해 생기며 위도 $60°$ 부근에 위치한다.

ㄴ 선지   대류권 계면의 높이는 고위도보다 저위도에서 높다. (O)

해들리 순환의 수직 규모가 극 순환의 수직 규모보다 크므로 순환 세포의 높이는 고위도보다 저위도에서 높다.

ㄷ 선지   지표의 냉각과 가열에 의해 형성된 직접 순환은 A와 C이다. (O)

해들리 순환은 지표의 가열에 의해 형성된 직접 순환이고, 극 순환은 지표의 냉각에 의해 형성된 직접 순환이다.

〈기출문항에서 가져가야 할 부분〉

1. 한대 "전선대"는 서로 다른 성질의 공기가 수렴하는 위도 $60°$ 부근에 위치한다.

2. 대류권 계면은 대류권과 성층권의 경계면으로 현행 지구과학I에서는 그냥 해들리, 페렐, 극 순환 모두 대류권에 속한다고 생각하면 된다.

3. 페렐 순환은 지구의 자전에 의해 해들리 순환과 극 순환 사이에 생기는 간접순환이다.

16 정답 : ⑤

〈문제 상황 파악하기〉

(가) 자료에서 우리나라 주변의 기압 분포를 보면 시베리아 고기압이 발달한 1월이고,
(나) 자료에서 우리나라 주변의 기압 분포를 보면 북태평양 고기압이 발달한 7월이라고 해석할 수 있다.

〈선지 판단하기〉

ㄱ 선지   (가)는 1월의 평년 기압 분포에 해당한다. (O)

(가)는 1월의 평년 기압 분포에 해당한다.

ㄴ 선지   고기압 A와 C는 해들리 순환의 하강으로 생성된다. (O)

고기압 A와 C는 해들리 순환의 하강으로 생성된다.

ㄷ 선지   고기압 B는 지표면 냉각으로 생성된다. (O)

고기압 B는 북반구 겨울철 대륙 위에서 발달한 고기압이므로 지표면의 냉각으로 생성되었다고 판단할 수 있다.

〈기출문항에서 가져가야 할 부분〉

1. 우리나라 주변 기압 배치 분포를 보고 1월과 7월을 판단할 수 있어야 한다.

17 정답 : ②

〈문제 상황 파악하기〉

자료에서 각 해류가 흐르는 방향을 오른쪽처럼 표시할 수 있어야 한다. 남극 순환류는 시계 방향으로 흐르고 있는 것을 확인할 수 있다.

〈선지 판단하기〉

ㄱ 선지 A 해역에는 난류가 흐르고 있다. (X)

A 해역에는 한류가 흐르고 있다.

ㄴ 선지 표층 염분은 A 해역이 B 해역보다 높다. (X)

일반적으로 난류와 한류 중 난류의 염분이 더 높으므로 표층 염분은 A 해역이 B 해역보다 낮다.

ㄷ 선지 C 해역에서 표층 해류는 ㉠방향으로 흐른다. (O)

C 해역은 남극 순환류가 흐르는 해역이므로 표층 해류의 방향은 ㉠방향이다.

〈기출문항에서 가져가야 할 부분〉

1. 굳이 모든 해류의 방향을 다 외우고 있지 않더라도 C 해역에 흐르는 해류가 남극 순환류인 것을 이용하면 A는 한류이고, B는 난류인 것을 어렵지 않게 파악할 수 있다.

18 정답 : ④

〈문제 상황 파악하기〉

남극 대륙과 그 주변의 기압 배치 자료가 주어졌으므로 선지에서 물어보는 것을 자료를 보고 대답해주면 된다.

〈선지 판단하기〉

ㄱ 선지 A 해역에서는 극동풍이 나타난다. (X)

A 해역은 위도 60°보다 저위도이므로 편서풍이 나타난다. 따라서 A 해역은 극동풍이 아닌 편서풍이 나타난다.

ㄴ 선지 A 해역에서 해류는 ㉡ 방향으로 흐른다. (O)

A 해역은 남극 순환류가 흐르는 해역이므로 ㉡ 방향으로 해류가 흐른다.

ㄷ 선지 B 지역에서는 하강 기류가 발달한다. (O)

B 지역에는 지표의 냉각에 의한 극고기압이 만들어지므로 B 지역에서는 하강 기류가 발달한다고 판단할 수 있다.

〈기출문항에서 가져가야 할 부분〉

1. 처음 보는 판단하기 어려운 자료가 주어졌다고 판단이 된다면 선지를 먼저 읽고 자료로 올라와서 판단하는 것 또한 괜찮은 풀이 방법이다.

19 정답 : ②

〈문제 상황 파악하기〉

우리나라 주변의 기압 분포를 보면 태평양 쪽이 고기압인 것을 확인할 수 있다. 이 자료는 북태평양 고기압이 발달한 여름철이므로 7월에 해당한다. 또는, 시베리아 부근에 고기압이 없으므로 우리나라가 겨울철이 아니라는 것도 알 수 있다.

〈선지 판단하기〉

ㄱ 선지 이 평년 기압 분포는 1월에 해당한다. (X)

　　　이 평년 기압 분포는 7월에 해당한다.

ㄴ 선지 A와 B 지점의 고기압은 해들리 순환의 하강으로 생성된다. (O)

　　　A와 B 지점의 고기압은 해들리 순환의 하강으로 생성된다.

ㄷ 선지 C 지점의 표층 해류는 동쪽에서 서쪽으로 흐른다. (X)

　　　C 지점의 표층 해류는 남극 순환류이므로 서쪽에서 동쪽으로 흐른다.

〈기출문항에서 가져가야 할 부분〉

1. 우리나라 주변의 기압 배치를 보고 1월, 7월을 구분할 수 있어야 한다.

20 정답 : ③

〈문제 상황 파악하기〉

적도 부근에서는 항상 에너지가 과잉되어있으므로 A는 에너지 과잉인 지역이다.

〈선지 판단하기〉

ㄱ 선지 A는 에너지 과잉이다. (O)

　　　A는 에너지 과잉이다.

ㄴ 선지 ㉠에서 남북 방향의 에너지 수송은 일어나지 않는다. (X)

　　　흡수하는 에너지와 방출하는 에너지가 최대인 ㉠ 지점에서 남북 방향의 에너지 수송은 최대이다.

ㄷ 선지 태양 복사에서 최대 복사 에너지 세기(강도)를 내는 파장은 가시광선 영역에 있다. (O)

　　　태양 복사에서 최대 복사 에너지 세기(강도)를 내는 파장은 가시광선 영역에 있다.

〈기출문항에서 가져가야 할 부분〉

1. 태양 복사에서 최대 복사 에너지 세기를 내는 파장은 가시광선 영역인 것을 알아두자.

21 정답 : ③

〈문제 상황 파악하기〉

(가) 자료에서 실선은 태양 복사 에너지 입사량이고, 점선은 지구 복사 에너지 방출량인 것을 알아야 한다.

〈선지 판단하기〉

ㄱ 선지 ㉠에서 지구 복사 에너지 방출량은 태양 복사 에너지 입사량보다 많다. (O)

㉠에서는 지구 복사 에너지 방출량이 태양 복사 에너지 입사량보다 많다.

ㄴ 선지 남북 방향 에너지 수송량은 ㉡에서 가장 적다. (X)

남북 방향 에너지 수송량은 ㉡에서 가장 많다.

ㄷ 선지 (나)의 태풍은 저위도의 과잉 에너지를 고위도 방향으로 이동시킨다. (O)

지구상에서 일어나는 모든 기상현상은 저위도의 과잉 에너지를 고위도 방향으로 이동시켜 지구의 열적 평형에 기여한다.

〈기출문항에서 가져가야 할 부분〉

1. 대기와 해양에 의한 순환이 저위도의 열에너지를 고위도로 이동시키는 "택배"라면 태풍은 "퀵 배송"이라고 생각하면 편하다.

2. ㉡ 지역은 적도 부근이나 고위도 부근과 달리 흡수하는 에너지의 양과 방출하는 에너지의 양이 같으므로 에너지를 고위도, 저위도로 이동만 시킨다. 따라서 남북 방향 에너지 수송량이 가장 많다.

22 정답 : ④

〈문제 상황 파악하기〉

대기에 의한 에너지 수송량이 해양에 의한 수송량보다 많다는 것을 파악해야 한다.

〈선지 판단하기〉

ㄱ 선지 흡수하는 태양 복사 에너지양과 방출하는 지구 복사 에너지양의 차는 $38°S$가 $0°$ 보다 크다. (X)

위도 $38°S$에서는 흡수하는 에너지양과 방출하는 에너지양이 거의 비슷하고, 위도 $0°$에서는 흡수하는 에너지양보다 방출하는 에너지양이 더 적으므로 흡수하는 태양 복사 에너지양과 방출하는 지구 복사 에너지양의 차는 $38°S$가 $0°$ 보다 작다.

ㄴ 선지 $\dfrac{\text{대기에 의한 에너지 수송량}}{\text{해양에 의한 에너지 수송량}}$ 은 A지역이 B지역보다 크다. (O)

A, B지역에서 대기, 해양에 의한 에너지 수송량의 대소는 아래 표와 같으므로 α값은 A 지역이 B 지역보다 크다.

A지역	VS	B지역
$\dfrac{\uparrow}{\downarrow} = \alpha_A \uparrow$	대기에 의한 에너지 수송량	$\dfrac{\downarrow}{\uparrow} = \alpha_B \downarrow$
	해양에 의한 에너지 수송량	

ㄷ 선지 위도별 에너지 불균형은 대기와 해양의 순환을 일으킨다. (O)

위도별 에너지 불균형은 대기와 해양 순환의 원인이 된다.

〈기출문항에서 가져가야 할 부분〉

1. 선지에서 물리량을 비교하는 선지가 나왔을 때, 물리량을 정확히 구해야 할 때도 있지만 대부분의 경우 각 물리량들의 대소만 파악해도 판단할 수 있다.

23 정답 : ①

〈문제 상황 파악하기〉

자료에서 α구간에 남풍이 불고 있으므로 α구간은 남반구에 위치한다

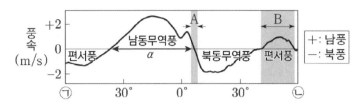

〈선지 판단하기〉

ㄱ 선지 ㉠은 60°S이다. (O)

ㅤ㉠은 60°S이라고 판단할 수 있다.

ㄴ 선지 A에서 해들리 순환의 하강 기류가 나타난다. (X)

ㅤA에서는 해들리 순환의 상승 기류가 나타난다.

ㄷ 선지 페루 해류는 B에서 나타난다. (X)

ㅤ페루 해류는 남반구에 위치한 해류이다. 하지만 B는 북반구이다.

〈기출문항에서 가져가야 할 부분〉

1. 페루 해류는 남반구에 존재한다.

24 정답 : ⑤

〈문제 상황 파악하기〉

자료를 보고 아래와 같이 해석할 수 있어야 한다.

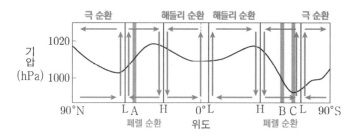

〈선지 판단하기〉

ㄱ 선지 A는 대기 대순환의 간접 순환 영역에 위치한다. (O)

A는 페렐 순환이 위치하는 위도이므로 A는 대기 대순환의 간접 순환 영역에 위치한다고 판단할 수 있다.

ㄴ 선지 B 해역에서는 남극 순환류가 흐른다. (O)

B는 위도 60°S부근인 지역이라고 판단할 수 있으므로 B 해역에서는 남극 순환류가 흐른다고 판단할 수 있다.

ㄷ 선지 C 해역에서는 대기 대순환에 의해 표층 해수가 발산한다. (O)

60°S 부근은 저기압이 나타난다. 따라서 저기압성 용승에 의해 표층 해수는 발산한다.

〈기출문항에서 가져가야 할 부분〉

1. 북반구에서는 에크만 수송의 방향은 바람 진행 방향에 오른쪽 직각 방향이다.

2. 남반구에서는 에크만 수송의 방향은 바람 진행 방향에 왼쪽 직각 방향이다.

3. 해수에서 저기압 중심에서는 용승이, 고기압 중심에서는 침강이 발생해야 한다.

25 정답 : ①

〈문제 상황 파악하기〉

자료를 먼저 해석하고 선지를 판단하기보다 선지를 먼저 보고 자료를 해석하는 것이 조금 더 효율적인 풀이 방법인 문제이다.

〈선지 판단하기〉

ㄱ 선지   해수의 밀도는 ㉠보다 ㉡이 크다. (O)

ㄱ해수가 ㉡해수보다 깊이가 얕기 때문에 해수의 밀도는 ㉠보다 ㉡이 크다고 판단할 수 있다.

ㄴ 선지   해수가 흐르는 평균 속력은 ㉠보다 ㉡이 빠르다. (X)

㉠(표층 해수)의 유속은 ㉡(심층수)의 유속보다 빠르다.

ㄷ 선지   A 해역에 빙하가 녹은 물이 유입되면 표층수의 침강은 강해진다. (X)

A 해역에 빙하가 녹은 물이 유입되면 해수의 밀도가 낮아져 표층수의 침강이 약해진다.

〈기출문항에서 가져가야 할 부분〉

1. 표층수의 유속은 심층수의 유속보다 빠르다.

2. 심층수의 침강이 일어나는 곳에서 밀도가 감소한다면 침강은 약해진다.

26 정답 : ④

〈문제 상황 파악하기〉

㉡ 지역은 남극의 웨델해 부근으로 남극 저층수가 침강하는 해역이다. 따라서 A=㉠, B=㉡이다.

〈선지 판단하기〉

ㄱ 선지   ㉡에서 형성되는 수괴는 A에 해당한다. (X)

㉡에서 형성되는 수괴는 B에 해당한다.

ㄴ 선지   A와 B는 심층 해수에 산소를 공급한다. (O)

심층수 혹은 표층수의 침강은 심층 해수에 산소를 공급한다.

ㄷ 선지   심층 순환은 표층 순환보다 느리다. (O)

심층 순환은 표층 순환보다 느리다.

〈기출문항에서 가져가야 할 부분〉

1. 표층수가 침강하여 심층수가 되면 침강한 표층 해수는 심해층에 산소를 공급한다.

2. 심층 순환은 표층 순환보다 느리다.

27 정답 : ③

〈문제 상황 파악하기〉

자료를 먼저 해석하고 선지를 판단하기보다 선지를 먼저 보고 자료를 해석하는 것이 조금 더 효율적인 풀이 방법인 문제이다.

〈선지 판단하기〉

ㄱ 선지   A 해역에서 해수의 침강은 심해층에 산소를 공급한다. (O)

　　　　　표층수의 침강은 심층 해수에 산소를 공급한다.

ㄴ 선지   B 해역에서 침강한 해수는 남극 저층수를 형성할 것이다. (O)

　　　　　남극 대륙 주변에서 만들어지는 해수는 남극 저층수를 형성할 것이라고 판단할 수 있다.

ㄷ 선지   지구 온난화가 심해지면 A 해역에서 침강이 강해질 것이다. (X)

　　　　　지구 온난화가 심해지면 A 해역에 담수의 유입이 많아질 것이다. 따라서 밀도가 감소하므로 지구 온난화가 심해지면 A 해역에서 침강이 약해질 것이라고 판단할 수 있다.

〈기출문항에서 가져가야 할 부분〉

1. 지구 온난화가 심해지면 심층 순환과 표층 순환이 약해질 수 있다.

28 정답 : ③

〈문제 상황 파악하기〉

해수의 결빙이 일어나는 과정을 떠올릴 수 있어야 한다.

〈선지 판단하기〉

ㄱ 선지   ⓒ이 ⊙보다 크다. (O)

　　　　　B의 소금물은 (나) 과정에서 결빙 후 남은 소금물이므로 염분이 더 높다. 따라서 ⓒ이 ⊙보다 크다.

ㄴ 선지   (나)의 페트병 속에 남은 얼음을 녹인 물은 A의 소금물보다 염분이 낮다. (O)

　　　　　(나) 과정에서 얼은 물 속에는 염류가 존재하지 않는다. 따라서 A의 소금물보다 염분이 낮다.

ㄷ 선지   극지방의 빙하가 녹을 경우 해수의 심층 순환이 강화될 것이다. (X)

　　　　　극지방에서 빙하가 녹을 경우 해수에 담수가 유입되므로 해수의 밀도가 감소한다. 따라서 심층 순환이 약화될 것이다.

〈기출문항에서 가져가야 할 부분〉

1. 해수가 결빙될 때 해수 속에 녹아있던 염류는 주위로 빠져나와 주위 해수의 염분은 높아진다는 것을 알아야 한다.

29 정답 : ⑤

〈문제 상황 파악하기〉

침강한 지 얼마 안 된 심층수의 연령은 적을 것이고, 침강한 지 시간이 꽤 지난 심층수의 연령은 많을 것이다. 따라서 심층수의 연령이 (적은 곳 → 많은 곳)의 방향이 심층수가 이동하는 방향인 것을 알 수 있다.

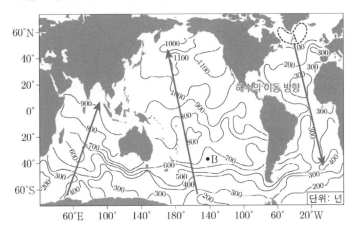

〈선지 판단하기〉

ㄱ 선지 심층 해수의 평균 연령은 북태평양이 북대서양보다 많다. (O)

　　　　심층 해수의 평균 연령은 북태평양이 북대서양보다 많다.

ㄴ 선지 A 해역에는 표층 해수가 침강하는 곳이 있다. (O)

　　　　심층 해수의 이동 방향으로 보아 A 해역에는 표층 해수가 침강하는 곳이 있다고 판단할 수 있다.

ㄷ 선지 B에는 저위도로 흐르는 심층 해수가 있다. (O)

　　　　B에서 심층수의 이동 방향을 고려하면 저위도로 이동하는 심층수가 있다고 판단할 수 있다.

〈기출문항에서 가져가야 할 부분〉

1. 심층수의 연령이 증가하는 방향이 심층수가 이동하는 방향임을 알아야 한다.

2. 태평양과 대서양의 위치는 알아두자.

30 정답 : ③

〈문제 상황 파악하기〉

A 시기가 B 시기보다 심층 순환의 세기가 센 것을 알 수 있다. 그리고 발문에서 "A 시기와 비교한 B 시기의 설명"이라고 했으니 A, B 둘의 대소를 비교하지 말고 B에만 집중하여 선지를 판단해보자.

〈선지 판단하기〉

ㄱ 선지 북대서양 심층수가 형성되는 해역에서 침강이 약하다. (O)

B 시기는 심층 순환의 세기가 약하므로 심층수가 형성되는 해역에서 침강이 약하다.
(A는 심층 순환의 세기가 강하니 심층수가 형성되는 해역에서 침강이 강하고, B는 심층 순환의 세기가 약하니 심층수가 형성되는 해역에서 침강이 약하다.)

ㄴ 선지 북대서양에서 고위도로 이동하는 표층 해류의 흐름이 강하다. (X)

B 시기는 심층 순환의 세기가 약하므로 심층 순환과 연결되어 있는 표층 순환의 세기 또한 약해질 것이다.

ㄷ 선지 북대서양에서 저위도와 고위도의 표층 수온 차가 크다. (O)

B 시기는 심층 순환의 세기가 약하므로 저위도와 고위도 간에 열교환이 적어 저위도와 고위도의 표층 수온 차가 크다.

〈기출문항에서 가져가야 할 부분〉

1. 이처럼 밀도, 심층 순환, 표층 순환의 관계를 연쇄적으로 생각할 수 있어야 한다.

memo

01 정답 : ②

〈문제 상황 파악하기〉

(가) 시기보다 (나) 시기가 무역풍의 세기가 더 세므로 (가) 시기가 엘니뇨 시기, (나)가 라니냐 시기라고 판단할 수 있다.

〈선지 판단하기〉

ㄱ 선지   태평양 적도 부근 해역에서 구름양은 라니냐 시기가 엘니뇨 시기보다 많다. (X)

구름의 양 분포에 대한 자료를 보면 태평양 적도 부근 해역에서 구름의 양은 엘니뇨 시기가 라니냐 시기보다 많다.

ㄴ 선지   A 해역의 수온은 (가)가 (나)보다 높다. (O)

A(동태평양) 해역의 수온은 엘니뇨 시기가 라니냐 시기보다 높다.

ㄷ 선지   남적도 해류는 (가)가 (나)보다 강하다. (X)

남적도 해류의 세기는 라니냐 시기가 엘니뇨 시기보다 강하다.

〈기출문항에서 가져가야 할 부분〉

1. 엘니뇨 시기에 동태평양 해역의 표층 수온이 평년보다 높은 이유는 동태평양 해역에서 용승이 약해지기 때문이다.

2. 라니냐 시기에 동태평양 해역의 표층 수온이 평년보다 낮은 이유는 동태평양 해역에서 용승이 강해지기 때문이다.

3. 남적도 해류의 세기는 무역풍의 세기에 비례한다.

02 정답 : ③

〈문제 상황 파악하기〉

동태평양 해수면의 높이 편차가 양(+)인 (가) 시기가 엘니뇨 시기이고, 해수면의 높이 편차가 음(-)인 (나) 시기가 라니냐 시기라고 판단할 수 있다.

〈선지 판단하기〉

ㄱ 선지 (가)는 엘니뇨 시기에 관측한 자료이다. (O)

　　　　(가)는 엘니뇨 시기이다.

ㄴ 선지 태평양 적도 부근 해역에서 동서 방향의 해수면 경사는 (가)가 (나)보다 완만한다. (O)

　　　　태평양 적도 부근 해역에서 동서 방향의 해수면 경사는 엘니뇨 시기가 라니냐 시기보다 완만한다.

ㄷ 선지 동태평양 적도 부근 해역에서 표층 수온은 (가)가 (나)보다 낮다. (X)

　　　　동태평양에서 용승의 세기가 강해지는 라니냐 시기에 표층 수온이 낮다.

〈기출문항에서 가져가야 할 부분〉

1. 라니냐 혹은 엘니뇨 시기에 태평양 적도 부근 해역에서 동서 방향의 해수면 경사가 변하는 이유는 무역풍의 세기에 따른 해수의 이동 때문이다.

03 정답 : ②

〈문제 상황 파악하기〉

라니냐 시기는 동태평양에 고기압이 발달하므로 해수면 기압 차(동태평양 기압 - 서태평양 기압)는 양(+)일 것이다.
따라서 ㉠시기는 라니냐 시기이고, ㉡시기는 엘니뇨 시기라고 판단할 수 있다. 또한, 동태평양에서 따뜻한 해수의 두께가 두꺼워지는 시기는 엘니뇨 시기이므로 (나) 자료는 엘니뇨 시기의 자료라고 판단할 수 있다.

〈선지 판단하기〉

ㄱ 선지 (나)는 ㉠에 해당한다. (X)

　　　　(나)는 ㉡에 해당한다.

ㄴ 선지 서태평양 적도 해역과 동태평양 적도 해역 사이의 해수면 높이 차는 ㉠이 ㉡보다 크다. (O)

　　　　서태평양 적도 해역과 동태평양 적도 해역 사이의 해수면 높이 차는 태평양 적도 부근 동서 방향 해수면 경사를 말하는 것과 같으므로 ㉠이 ㉡보다 크다.

ㄷ 선지 동태평양 적도 부근 해역에서 구름양은 ㉠이 ㉡보다 많다. (X)

　　　　동태평양에 고기압이 발달하는 라니냐 시기에는 구름의 양이 적다.

〈기출문항에서 가져가야 할 부분〉

1. 동태평양의 경도는 $120°W \sim 90°W$이다.

04 정답 : ⑤

〈문제 상황 파악하기〉

라니냐 시기에 동태평양 표층 수온의 온도는 낮으므로 (가) 시기는 엘니뇨 시기, (나) 자료는 라니냐 시기라고 판단할 수 있다.

〈선지 판단하기〉

ㄱ 선지 강수량은 (나)보다 (가)일 때 더 많다. (O)

동태평양에 저기압이 발달하는 엘니뇨 시기가 강수량이 더 많다.

ㄴ 선지 영양 염류의 양은 (가)보다 (나)일 때 더 많다. (O)

플랑크톤의 양은 영양 염류의 양을 의미하므로 해수의 용승이 강해져서 표층 수온이 낮아지는 라니냐 시기가 더 많다.

ㄷ 선지 남동 무역풍은 (가)보다 (나)일 때 더 강하다. (O)

무역풍의 세기는 라니냐 시기에 더 강하다.

〈기출문항에서 가져가야 할 부분〉

1. 용승하는 해역에서는 영양 염류의 농도가 높아진다. 따라서 좋은 어장이 형성된다.

05 정답 : ④

〈문제 상황 파악하기〉

동태평양에서 20℃의 깊이 편차가 양(+)인 시기가 엘니뇨 시기이고, 음(-)인 시기가 라니냐 시기이므로 C는 라니냐 시기, B는 엘니뇨 시기, A는 평상시라고 판단할 수 있다.

〈선지 판단하기〉

ㄱ 선지 동태평양의 용승은 A보다 B가 강하다. (X)

   엘니뇨 시기에 동태평양의 용승은 평상시보다 약화되므로 A가 B보다 크다.

ㄴ 선지 동태평양과 서태평양의 수온 약층 깊이 차이는 A보다 C가 크다. (O)

   (나) 깊이 편차 자료를 가지고 동태평양과 서태평양의 수온 약층 깊이 차이는 A보다 C가 크다고 판단할 수 있다.

ㄷ 선지 $\dfrac{동태평양의\ 해수면\ 평균\ 기압}{서태평양의\ 해수면\ 평균\ 기압}$ 은 B보다 C가 크다. (O)

   $\dfrac{동태평양의\ 해수면\ 평균\ 기압}{서태평양의\ 해수면\ 평균\ 기압}$ 은 오른쪽 표와 같다. 따라서 B보다 C가 크다.

B	VS	C
↑	동태평양의 해수면 평균 기압	↓
↓	서태평양의 해수면 평균 기압	↑

〈기출문항에서 가져가야 할 부분〉

1. ㄴ 선지같은 선지는 자료를 우선적으로 보고 판단하자.

06 정답 : ②

〈문제 상황 파악하기〉

동태평양의 해수면 높이가 높아지는 A는 엘니뇨 시기, 해수면 높이가 낮아지는 B는 라니냐 시기라고 판단할 수 있다.

〈선지 판단하기〉

ㄱ 선지 서태평양과 동태평양의 해수면 높이 차이는 A 시기가 B 시기보다 크다. (X)

   태평양 적도 부근 동서 방향 해수면 경사는 B(라니냐) 시기가 A(엘니뇨) 시기보다 크다.

ㄴ 선지 A는 엘니뇨, B는 라니냐 기간에 속한다. (O)

   A는 엘니뇨, B는 라니냐 기간에 속한다.

ㄷ 선지 동태평양 적도 부근 해역의 용승은 A 시기가 B 시기보다 강하다. (X)

   동태평양 적도 부근 해역의 용승은 B(라니냐) 시기가 A(엘니뇨) 시기보다 세다.

〈기출문항에서 가져가야 할 부분〉

1. "서태평양과 동태평양의 해수면 높이 차이"와 "태평양 적도 부근 동서 방향 해수면 경사"는 같은 것을 물어보는 선지이다.

07 정답 : ②

〈문제 상황 파악하기〉

엘니뇨 시기에 동태평양에는 상대적으로 저기압이 발달하므로 엘니뇨 시기 기압 편차는 음(-)이다. 따라서 A 시기는 엘니뇨 시기이다.

〈선지 판단하기〉

ㄱ 선지 라니냐 시기이다. (X)

　　　　엘니뇨 시기이다.

ㄴ 선지 평상시보다 남적도 해류가 약하다. (O)

　　　　엘니뇨 시기에는 무역풍이 평상시보다 약하기 때문에 남적도 해류가 평상시보다 약하다.

ㄷ 선지 평상시보다 동태평양 적도 부근 해역에서의 용승이 강하다. (X)

　　　　엘니뇨 시기는 평상시보다 동태평양 적도 부근 해역에서의 용승이 약하다.

〈기출문항에서 가져가야 할 부분〉

1. 적도 해류의 세기는 무역풍의 세기에 비례한다.

08 정답 : ⑤

〈문제 상황 파악하기〉

세로축의 물리량은 수심, 가로축의 물리량은 위도라는 것을 주의하여 보아야 한다.
(가)는 적도 동태평양의 수온이 올라간 엘니뇨 시기, (나)는 적도 동태평양의 수온이 내려간 라니냐 시기라고 할 수 있다.

〈선지 판단하기〉

ㄱ 선지 (가)는 엘니뇨 시기이다. (O)

　　　　(가)는 엘니뇨 시기이다.

ㄴ 선지 용승은 (나)일 때가 (가)일 때보다 강하다. (O)

　　　　동태평양 적도 부근 해역에서 용승의 세기는 라니냐 때가 엘니뇨 때보다 강하다.

ㄷ 선지 (나)일 때 해수면의 높이 편차는 (-) 값이다. (O)

　　　　라니냐 시기에 동태평양 적도 부근 해수면의 높이 편차는 (-)의 값이다.

〈기출문항에서 가져가야 할 부분〉

1. 편차는 (관측값-평년값)이다.

09 정답 : ①

〈문제 상황 파악하기〉

엘니뇨 시기에 동태평양 해역에서 수온 편차는 양(+)이므로 (가)는 엘니뇨 시기이고, (나)는 라니냐 시기라고 판단할 수 있다.

〈선지 판단하기〉

ㄱ 선지 (가)는 엘니뇨 시기이다. (O)

   (가)는 엘니뇨 시기이다.

ㄴ 선지 무역풍의 풍속은 (가)가 (나)보다 크다. (X)

   무역풍의 풍속은 라니냐 시기가 엘니뇨 시기보다 크다.

ㄷ 선지 동태평양 적도 부근 해역의 용승은 (가)가 (나)보다 활발하다. (X)

   동태평양 적도 부근 해역에서 용승의 세기는 라니냐 때가 엘니뇨 때보다 강하다.

〈기출문항에서 가져가야 할 부분〉

1. 문항의 자료를 통해서 엘니뇨 시기이든 라니냐 시기이든 서태평양 해역에서의 수온 편차는 0에 가까운 값임을 알 수 있다.

10 정답 : ⑤

〈문제 상황 파악하기〉

서태평양 해역에서 강수량의 편차가 양(+)이므로 자료에 나타난 시기는 라니냐 시기라고 판단할 수 있다.

〈선지 판단하기〉

ㄱ 선지 강수량 편차가 +0.5mm/일 이상인 해역은 주로 동태평양 적도 부근에 위치한다. (X)

   강수량 편차가 +0.5mm/일 이상인 해역은 주로 서태평양 적도 부근에 위치한다.

ㄴ 선지 서태평양 적도 해역과 동태평양 적도 해역 사이의 해수면 높이 차가 크다. (O)

   라니냐 시기에는 적도 부근 태평양의 동서 방향 해수면 경사가 크다.

ㄷ 선지 남적도 해류가 강하다. (O)

   라니냐 시기에는 무역풍의 세기가 강하므로 남적도 해류의 세기도 강하다.

〈기출문항에서 가져가야 할 부분〉

1. 강수량은 구름의 양과 비례한다는 사실을 알아야 한다.

11 정답 : ⑤

〈문제 상황 파악하기〉

(가) 자료에서 무역풍의 풍속 편차가 양(+)인 a 시기가 라니냐 시기이고, 음(-)인 b 시기가 엘니뇨 시기라고 판단할 수 있다. 라니냐 시기에 동태평양에서 기압 편차는 양(+)이고, 서태평양에서 기압 편차는 음(-)이므로 A는 서태평양의 기압 편차, B는 동태평양의 기압 편차라고 판단할 수 있다.

〈선지 판단하기〉

ㄱ 선지 A는 동태평양 적도 부근 해역이다. (X)

　　　　A는 서태평양 적도 부근 해역이다.

ㄴ 선지 a 시기에 표층 수온 편차가 음(-)의 값을 갖는 해역은 B이다. (O)

　　　　라니냐 시기에 B(동태평양)에서는 용승이 강화되기 때문에 수온 편차가 음(-)의 값을 갖는다.

ㄷ 선지 B에서 수온 약층의 깊이는 b 시기가 a 시기보다 깊다. (O)

　　　　동태평양에서 수온 약층의 깊이는 엘니뇨 시기에 더 깊다.

〈기출문항에서 가져가야 할 부분〉

1. 라니냐 시기에는 평상시보다 무역풍의 풍속이 강하기 때문에 풍속 편차의 값이 양(+)이다.
2. 엘니뇨 시기에는 평상시보다 무역풍의 풍속이 약하기 때문에 풍속 편차의 값이 음(-)이다.

12 정답 : ④

〈문제 상황 파악하기〉

평상시인 (가) 시기와 비교해서 (나) 시기는 해류의 속도 편차가 음(-)의 값을 나타내므로 (나) 시기는 엘니뇨 시기라고 판단할 수 있다.

〈선지 판단하기〉

ㄱ 선지 해류는 평년보다 약하다. (O)

　　　　엘니뇨 시기에 A(동태평양) 해역에서 해류는 평년보다 약하다.

ㄴ 선지 해수면은 평년보다 높다. (O)

　　　　엘니뇨 시기에 A(동태평양) 해역에서 해수면의 높이는 평년보다 높다.

ㄷ 선지 표층 수온은 평년보다 낮다. (X)

　　　　엘니뇨 시기에 A(동태평양) 해역에서 표층 수온은 평년보다 높다.

〈기출문항에서 가져가야 할 부분〉

1. 해류의 속도 편차를 보고 해류의 이동 방향을 추정할 수 있어야 한다.

13 정답 : ①

〈문제 상황 파악하기〉

기본적으로 서태평양의 표층 수온은 동태평양 수온보다 높으므로 x는 서태평양에서의 표층 수온, ○는 동태평양에서 표층 수온을 나타낸 것임을 알 수 있다. 따라서 동태평양의 표층 수온이 상승한 A 시기는 엘니뇨 시기이고, 동태평양의 표층 수온이 하강한 B 시기는 라니냐 시기라고 판단할 수 있다.

그리고 (나) 자료에서 동태평양($120\degree W \sim 90\degree W$)에서 강수량 변화에 따른 표층 염분 편차가 음(-)인 ㉠ 시기는 엘니뇨 시기라고 판단할 수 있다.

〈선지 판단하기〉

ㄱ 선지   (가)에서 시간에 따른 표층 수온 변화는 동태평양이 서태평양보다 크다. (O)

   (가)에서 시간에 따른 표층 수온 변화는 동태평양이 서태평양보다 크다.

ㄴ 선지   남적도 해류는 A일 때가 B일 때보다 강하다. (X)

   남적도 해류의 세기는 라니냐 시기가 엘니뇨 시기보다 강하다.

ㄷ 선지   ㉠의 표층 염분 편차는 B일 때 나타난다. (X)

   ㉠시기는 엘니뇨 시기이므로 ㉠시기의 표층 염분 편차는 A(엘니뇨)일 때 나타난다.

〈기출문항에서 가져가야 할 부분〉

1. 엘니뇨 시기에 동태평양에는 적운형 구름이 발달하여 강수량이 평상시보다 많아지므로 강수량의 변화에 따른 표층 염분은 담수의 유입으로 인해 감소한다.

14 정답 : ③

〈문제 상황 파악하기〉

발문에 따르면 평상시에도 동풍계열인 무역풍이 부는 적도 부근에서 라니냐 시기의 동서 방향 풍속은 음(-)의 값이 나타날 것이고, 엘니뇨 시기에는 양(+)의 값이 나타날 것이다.

따라서 (가)는 엘니뇨 시기이고, (나)는 라니냐 시기이다.

〈선지 판단하기〉

ㄱ 선지 (가)의 풍속과 (나)의 풍속의 차는 해역 A가 B보다 크다. (O)

 A 해역에서 (가)와 (나)의 풍속의 차는 약 6 정도이고, B 해역에서 (가)와 (나)의 풍속의 차는 약 2 정도이므로 (가)의 풍속과 (나)의 풍속의 차는 해역 A가 B보다 크다.

ㄴ 선지 해역 A와 B의 표층 수온 차는 (나)보다 (가)일 때 크다. (X)

 해역 A와 B의 표층 수온 차는 적도 부근 해역에서 동태평양과 서태평양 사이의 표층 수온 차를 의미하는 것과 같다. 따라서 동태평양과 서태평양 사이의 표층 수온 차이는 라니냐 시기가 엘니뇨 시기보다 크다.

ㄷ 선지 무역풍으로 인해 발생하는 상승 기류는 (나)보다 (가)일 때 더 동쪽에 위치한다. (O)

 무역풍으로 인해 발생하는 상승 기류는 무역풍의 세기가 약해지는 엘니뇨 시기가 라니냐 시기일 때보다 동쪽에 위치한다.

〈기출문항에서 가져가야 할 부분〉

1. ㄷ 선지는 워커 순환에서 상승 기류의 상대적인 위치를 물어보는 선지이다.

15 정답 : ①

〈문제 상황 파악하기〉

동태평양 적도 부근에서 수온이 높은 B 시기가 엘니뇨 시기이고, A 시기는 평상시임을 알 수 있다. 그리고 A와 비교한 B에 대한 설명이므로 B에 집중해서 선지를 판단하자.

〈선지 판단하기〉

ㄱ 선지 무역풍의 세기가 약하다. (O)

 엘니뇨 시기에는 무역풍의 세기가 약하다.

ㄴ 선지 동태평양 적도 부근 해역의 해수면의 높이가 낮다. (X)

 엘니뇨 시기에 동태평양 적도 부근 해역의 해수면 높이는 높다.

ㄷ 선지 서태평양 적도 부근 해역에서는 상승 기류가 강하다. (X)

 엘니뇨 시기에 서태평양 적도 부근은 평상시에 비해 상승 기류가 약하다.

〈기출문항에서 가져가야 할 부분〉

1. "A와 비교한 B에 대한 설명~"으로 문항의 발문이 나온다면 A와 B 둘 다 판단해서 비교하지 말고 하나만 집중해서 판단하자.

16 정답 : ①

〈문제 상황 파악하기〉

라니냐 시기 동태평양에서 해수면의 높이 편차는 음(−)이므로 (가) 시기는 라니냐 시기이고, (나) 시기는 엘니뇨 시기라고 판단할 수 있다.

〈선지 판단하기〉

ㄱ 선지 무역풍의 세기는 (가)가 (나)보다 강하다. (O)

무역풍의 세기는 라니냐 시기가 엘니뇨 시기보다 강하다.

ㄴ 선지 동태평양 적도 부근 해역의 따뜻한 해수층의 두께는 (가)가 (나)보다 두껍다. (X)

동태평양 적도 부근 해역의 따뜻한 해수층의 두께는 엘니뇨 시기가 라니냐 시기보다 두껍다.

ㄷ 선지 A 해역의 엽록소 a 농도는 엘니뇨 시기가 라니냐 시기보다 높다. (X)

해수의 용승이 일어나면 엽록소의 농도가 높아지므로 A 해역에서 엽록소 a의 농도는 라니냐 시기가 엘니뇨 시기보다 높다.

〈기출문항에서 가져가야 할 부분〉

1. 해수의 용승이 활발하게 일어나면 영양 염류(엽록소)의 양이 증가한다.

2. 따뜻한 해수층의 두께가 두껍다는 말은 수온약층이 시작하는 깊이가 깊다는 말과 같다.

17 정답 : ④

〈문제 상황 파악하기〉

동태평양에서 수온약층이 나타나기 시작하는 깊이의 편차가 양(+)이므로 자료는 엘니뇨 시기라고 판단할 수 있다.

〈선지 판단하기〉

ㄱ 선지 엘니뇨 시기이다. (O)

수온 약층이 시작하는 깊이의 편차가 양(+)이므로 엘니뇨 시기이다.

ㄴ 선지 평년에 비해 동태평양 적도 해역에서 혼합층의 두께는 증가한다. (O)

평년에 비해 엘니뇨 시기에는 동태평양 적도 해역에서 혼합층의 두께는 용승의 약화로 인해 증가한다.

ㄷ 선지 평년에 비해 동태평양 적도 해역에서 표층 수온은 낮아진다. (X)

평년에 비해 엘니뇨 시기에 동태평양 적도 해역에서 표층 수온은 용승의 약화로 인해 상승한다.

〈기출문항에서 가져가야 할 부분〉

1. 엘니뇨 시기에 혼합층의 두께가 증가하는 이유는 용승의 약화로 인해 수온약층이 시작하는 깊이가 깊어졌기 때문에 혼합층의 두께가 두꺼워진다.

18 정답 : ③

〈문제 상황 파악하기〉

A 시기는 동태평양의 해수면 높이 편차가 양(+)이므로 엘니뇨 시기이고, C 시기는 동태평양의 라니냐 시기라고 판단할 수 있다. B 시기는 선지에서 언급하면 그때 판단하자.

〈선지 판단하기〉

ㄱ 선지 동태평양 적도 해역에서 해수면 높이는 A보다 C가 낮다. (O)

　　　　동태평양 적도 해역에서 해수면 높이는 라니냐 시기가 엘니뇨 시기보다 낮다.

ㄴ 선지 무역풍의 세기는 A보다 B가 약하다. (X)

　　　　엘니뇨 시기에는 무역풍이 약해진다.

ㄷ 선지 동태평양 적도 해역에서 수온약층이 나타나는 깊이는 A가 가장 깊다. (O)

　　　　동태평양 적도 해역에서 수온약층이 나타나는 깊이는 엘니뇨 시기에 가장 깊다.

〈기출문항에서 가져가야 할 부분〉

1. B 시기를 평상시라고 판단한 학생도 있을 것이다. 물론 충분히 합리적인 판단이다. 그러나 자료에서 애매한 부분의 판단은 최대한 뒤로 미루고 선지에서 물어보면 판단하는 방식으로 문제를 풀이하자. 어떤 방법을 선택할지는 수험생 본인의 선택이다.

19 정답 : ③

〈문제 상황 파악하기〉

적도 부근 해역에서 서태평양과 동태평양 표층의 평균 수온 차의 값이 큰 A 시기는 라니냐 시기이고, B 시기는 엘니뇨 시기라고 판단할 수 있다.

(나) 자료에서 (+)는 동풍이므로 (−)는 서풍이다. 대체로 (−)부호를 보이는 (나)의 자료는 라니냐인 A에 해당한다.

〈선지 판단하기〉

ㄱ 선지 (나)는 A에 해당한다. (O)

　　　　(나)는 라니냐 시기에 해당한다.

ㄴ 선지 상승 기류는 (나)의 ㉠ 해역에서 발생한다. (X)

　　　　(나)의 ㉠ 해역에는 하강 기류가 발달한다.

ㄷ 선지 서태평양 적도 해역과 동태평양 적도 해역 사이의 해수면 높이 차는 A가 B보다 크다. (O)

　　　　서태평양 적도 해역과 동태평양 적도 해역 사이의 해수면 높이 차는 라니냐 시기가 엘니뇨 시기보다 크다.

〈기출문항에서 가져가야 할 부분〉

1. 평상시 동풍이 불고 있을 때 더 강한 동풍이 불면 편차의 값은 음(−)의 값을 가진다.

20 정답 : ④

〈문제 상황 파악하기〉

적외선 방출 복사 에너지는 구름의 고도가 높을수록 적게 방출된다. 따라서 (가) 자료에서 적외선 방출 복사 에너지의 편차는 전반적으로 음(-)의 값을 가지므로 (가) 시기는 동태평양에 구름이 형성된 엘니뇨 시기라고 할 수 있다.

따라서 ㉠시기는 엘니뇨 시기이고, A는 서태평양의 해면 기압 편차, B는 동태평양의 해면 기압 편차라고 판단할 수 있다.

〈선지 판단하기〉

ㄱ 선지   동태평양에서 두꺼운 적운형 구름의 발생이 줄어든다. (X)

　　　　엘니뇨 시기에 동태평양에서 저기압이 발달하므로 적운형 구름의 발생이 증가한다.

ㄴ 선지   워커 순환이 약화된다. (O)

　　　　엘니뇨 시기에 워커 순환이 약화된다.

ㄷ 선지   (나)의 A는 서태평양에 해당한다. (O)

　　　　(나)의 A는 서태평양에 해당한다.

〈기출문항에서 가져가야 할 부분〉

1. 구름의 고도가 높아지면 구름의 온도가 낮아지기 때문에 적외선 복사 에너지 방출량이 줄어든다.

21 정답 : ⑤

〈문제 상황 파악하기〉

그림에서 워커 순환의 형태를 보고 (가) 시기는 라니냐 시기, (나) 시기는 엘니뇨 시기라고 판단할 수 있다.

〈선지 판단하기〉

ㄱ 선지 서태평양 적도 부근 무역풍의 세기는 (가)가 (나)보다 강하다. (O)

　　　　무역풍의 세기는 라니냐 때가 엘니뇨 때보다 강하다.

ㄴ 선지 동태평양 적도 부근 해역의 용승은 (가)가 (나)보다 강하다. (O)

　　　　동태평양 적도 부근 해역의 용승은 라니냐 때가 엘니뇨 때보다 강하다.

ㄷ 선지 (B 지점 해면 기압-A 지점 해면 기압)의 값은 (가)가 (나)보다 크다. (O)

　　　　(B 지점 해면 기압-A 지점 해면 기압)의 값은 아래 표와 같이 파악할 수 있으므로 (B 지점 해면 기압-A 지점 해면 기압)의 값은 (가)가 (나)보다 크다.

구분	B	A	(B 지점 해면 기압-A 지점 해면 기압)
(가)	↑	↓	↑
(나)	↓	↑	↓

〈기출문항에서 가져가야 할 부분〉

1. 라니냐 시기 워커 순환의 세기는 강해진다.

2. 엘니뇨 시기 워커 순환의 세기는 약해진다.

22 정답 : ④

〈문제 상황 파악하기〉

표층에 도달하는 태양 복사 에너지 편차가 양(+)의 값을 가지면 관측 지역에 구름의 양이 적다고 판단할 수 있다. 따라서 고기압이 발달했다고 판단할 수 있고, 서태평양 적도 부근 해역 표층에 고기압이 발달한 시기는 엘니뇨 시기이다. 따라서 A는 라니냐 시기이고, B는 엘니뇨 시기라고 판단할 수 있다.

〈선지 판단하기〉

ㄱ 선지 (나)는 A에 해당한다. (X)

(나) 자료 동태평양 해역 부근에서 $20℃$ 등수온선의 깊이 편차가 양(+)의 값을 가지므로 (나)는 엘니뇨 시기라고 판단할 수 있다.

ㄴ 선지 B일 때는 서태평양 적도 부근 해역이 평년보다 건조하다. (O)

엘니뇨 시기에 서태평양 적도 부근 해역에는 고기압이 발달하므로 평년보다 건조하다고 판단할 수 있다.

ㄷ 선지 적도 부근에서 $\dfrac{서태평양 해면 기압}{동태평양 해면 기압}$ 은 A가 B보다 작다. (O)

적도 부근에서 $\dfrac{서태평양 해면 기압}{동태평양 해면 기압}$ 은 아래 표와 같으므로 A가 B보다 작다.

구분	A	B
서태평양 해면 기압	↓	↑
동태평양 해면 기압	↑	↓
$\dfrac{서태평양 해면 기압}{동태평양 해면 기압}$	↓	↑

〈기출문항에서 가져가야 할 부분〉

1. 지표면 위에 구름의 양이 많으면 지표면에 도달하는 태양 복사 에너지양이 적다.

23 정답 : ⑤

〈문제 상황 파악하기〉

유형 I에 해당하는 물리량 x와 y는 비슷한 변화 유형 즉 정비례하는 물리량들이고, 유형 I에 해당하는 물리량 x와 y는 반대의 변화 유형 즉 반비례하는 물리량들이다.

〈선지 판단하기〉

ㄱ 선지 ⓐ는 II이다. (O)

동태평양에서 적운형 구름양의 편차는 엘니뇨 시기에 양(+)의 값을 가지고, 라니냐 시기에 음(-)의 값을 가진다. (서태평양 해수면 높이-동태평양 해수면 높이)의 편차는 엘니뇨 시기에 음(-)의 값을 가지고, 라니냐 시기에 양(+)의 값을 가지므로 ⓐ는 반비례하는 물리량이므로 유형 II에 속한다고 판단할 수 있다.

ㄴ 선지 '동태평양에서 수온 약층이 나타나기 시작하는 깊이'는 ㉠에 해당한다. (O)

(㉠)의 편차는 유형 I에 속하므로 각 "서태평양에서의 해면 기압 편차"와 정비례하는 경향을 띠어야 한다. 서태평양에서의 해면 기압 편차는 엘니뇨 시기에 양(+)의 값을 가지고, 라니냐 시기에 음(-)의 값을 가지므로 (㉠)의 편차 또한 엘니뇨 시기에 양(+)의 값을 가지고, 라니냐 시기에 음(-)의 값을 가져야 한다. '동태평양에서 수온 약층이 나타나기 시작하는 깊이'는 엘니뇨 시기에 양(+)의 값을 가지고, 라니냐 시기에 음(-)의 값을 가지므로 '동태평양에서 수온 약층이 나타나기 시작하는 깊이'는 ㉠에 해당한다고 판단할 수 있다.

ㄷ 선지 ⓑ는 I이다. (O)

(서태평양 해수면 수온-동태평양 해수면 수온)의 편차는 엘니뇨 시기에 음(-)의 값을 가지고, 라니냐 시기에 양(+)의 값을 가지고, 워커 순환 세기의 편차는 엘니뇨 시기에 음(-)의 값을 가지고 라니냐 시기에 양(+)의 값을 가지므로 ⓑ는 정비례하는 물리량이라고 판단할 수 있다. 따라서 ⓑ는 유형 I이라고 판단할 수 있다.

〈기출문항에서 가져가야 할 부분〉

1. 23번 문항은 현장에서 처음 본다면 정말 당황하고 풀이하기 어려운 문항이고 사실 발문을 읽어도 문항에서 출제자가 어떤 의도를 가지고 출제했는지 파악하기 어렵다. 이러한 문항들은 일단 문항에서 주어진 자료를 해석하면서 얻은 것들을 가지고 발문을 재해석하고, 선지를 판단하는 방법이 현실적인 풀이방법이라고 할 수 있을 것 같다.

24 정답 : ①

〈문제 상황 파악하기〉

동태평양에서 라니냐 시기에 구름의 양은 적어지고, 엘니뇨 시기에 구름의 양은 많아지므로 A는 엘니뇨 시기, B는 평상시라고 판단할 수 있다.

〈선지 판단하기〉

ㄱ 선지 A는 엘니뇨 시기이다. (O)

　　　　A는 엘니뇨 시기이다.

ㄴ 선지 서태평양 적도 부근 해역에서 상승 기류는 A가 B보다 활발하다. (X)

　　　　서태평양 적도 부근 해역에서 상승 기류는 무역풍의 세기가 강해지는 평상시가 엘니뇨 시기에 활발하다.

ㄷ 선지 동태평양 적도 부근 해역에서 수온 약층이 나타나기 시작하는 깊이는 A가 B보다 얕다. (X)

　　　　동태평양 적도 부근 해역에서 수온 약층이 나타나기 시작하는 깊이는 엘니뇨 시기가 평상시보다 깊다.

〈기출문항에서 가져가야 할 부분〉

1. 구름의 양이 많으면 저기압, 구름의 양이 적으면 고기압으로 판단할 수 있다.

25 정답 : ①

〈문제 상황 파악하기〉

북반구에서의 1월은 겨울이고, 남반구에서의 1월은 여름이다. 1월에는 인구가 많은 북반구의 겨울철 화석 연료의 사용 증가로 이산화 탄소, 메테인의 농도가 증가한다. 따라서 A는 30°N이고, B는 30°S이다.

〈선지 판단하기〉

ㄱ 선지 A는 30°N에 위치한 관측소이다. (O)

　　　　A는 30°N에 위치한 관측소이다.

ㄴ 선지 2010년 1월에 이산화 탄소의 평균 농도는 A보다 B가 높다. (X)

　　　　2010년 1월에 이산화 탄소의 평균 농도는 A보다 B가 높다.

ㄷ 선지 이 기간 동안 기체 농도의 평균 증가율은 이산화 탄소보다 메테인이 크다. (X)

　　　　이산화 탄소의 기체 농도 증가율은 대략 30ppm이고, 메테인의 기체 농도 증가율은 대략 0.1ppm이므로 기체 농도의 평균 증가율은 이산화 탄소가 메테인보다 크다.

〈기출문항에서 가져가야 할 부분〉

1. 1월 화석 연료 사용량은 북반구가 남반구보다 많다.

　　(북반구의 인구가 남반구의 인구보다 많고 겨울철이라서 난방을 많이 사용하기 때문이다.)

26 정답 : ①

〈문제 상황 파악하기〉

㉠시기는 현재보다 자전축 경사각이 작고, ㉡시기는 현재보다 자전축 경사각이 큰 시기인 것을 인지하자.

〈선지 판단하기〉

ㄱ 선지   30°S에서 기온의 연교차는 현재가 ㉡ 시기보다 작다. (O)

기온의 연교차는 북반구, 남반구 상관없이 자전축 경사각의 크기가 더 큰 ㉡시기가 더 크다.

ㄴ 선지   30°N에서 겨울철 태양의 남중 고도는 현재가 ㉠ 시기보다 높다. (X)

30°N에서 ㉠시기는 현재보다 자전축 경사각이 작은 시기이므로 지구 기온의 연교차는 ㉠시기가 현재보다 작다. 따라서 30°N에서 겨울철 태양의 남중 고도는 ㉠시기가 현재보다 높다고 판단할 수 있다.

ㄷ 선지   1년 동안 지구에 입사하는 평균 태양 복사 에너지양은 ㉠ 시기가 ㉡ 시기보다 많다. (X)

1년 동안 지구 전체에 입사하는 평균 태양 복사 에너지양은 ㉠시기와 ㉡시기 모두 같다.

〈기출문항에서 가져가야 할 부분〉

1. 공전 궤도 이심률 변화가 없다면 지구는 복사 평형 상태이므로 1년 동안 지구에 입사하는 평균 태양 복사 에너지양은 항상 같다.
2. 기온의 연교차를 이용해서 태양의 남중 고도를 파악할 수 있다.

27 정답 : ③

〈문제 상황 파악하기〉

해당 탐구 활동은 공기 중 온실 기체의 비율이 늘어날 때 발생하는 온실 효과를 알아보기 위한 실험이다. 따라서 (나) → (다) → (라)로 갈수록 온실 기체의 비율이 늘어나기 때문에 ㉠의 값은 15.1보다 클 것이다.

〈선지 판단하기〉

ㄱ 선지 적외선 등을 상자 아래에서 켠 것은 지표 복사를 나타낸다. (O)

지구의 지표면에서는 적외선 영역의 복사 에너지가 방출되므로 상자 아래에서 켠 적외선 등은 지표 복사를 나타낸다.

ㄴ 선지 상자 안 기체의 적외선 흡수량은 (나)가 (다)보다 많다. (X)

온실 기체의 비율은 (다)가 (나)보다 많기 때문에 상자 안 기체의 적외선 흡수량은 (다)가 (나)보다 많다.

ㄷ 선지 ㉠은 15.1보다 크다. (O)

상자 안 기체의 적외선 흡수량은 (다)가 (나)보다 많기 때문에 ㉠은 15.1보다 크다.

〈기출문항에서 가져가야 할 부분〉

1. 대기 중 온실 기체의 양이 많아질수록 온실 효과는 증가한다.

28 정답 : ①

〈문제 상황 파악하기〉

태양 복사 에너지 편차의 의미를 해석할 수 있어야 한다.

〈선지 판단하기〉

ㄱ 선지 7월의 $30°S$에 도달하는 태양 복사 에너지양은 A 시기가 현재보다 많다. (O)

A 시기에 7월의 $30°S$에 도달하는 태양 복사 에너지양의 편차가 양(+)의 값을 가지므로 7월의 $30°S$에 도달하는 태양 복사 에너지양은 A 시기가 현재보다 많다고 판단할 수 있다.

ㄴ 선지 1월의 $30°N$에 도달하는 태양 복사 에너지양은 A 시기가 B 시기보다 많다. (X)

1월의 $30°N$에 도달하는 태양 복사 에너지양의 편차는 A 시기에는 음(-)이고, B 시기에는 양(+)이므로 1월의 $30°N$에 도달하는 태양 복사 에너지양은 B 시기가 A 시기보다 많다고 판단할 수 있다.

ㄷ 선지 $30°S$에서 기온의 연교차(1월 평균 기온-7월 평균 기온)는 A 시기가 B 시기보다 크다. (X)

$30°S$에서 A 시기의 1월-7월의 평균 기온은 (-) 값, B 시기의 1월-7월의 평균 기온은 (+) 값을 보인다. 따라서 B 시기가 더 큰 값을 보인다.

〈기출문항에서 가져가야 할 부분〉

1. 밀란코비치 주기를 굳이 암기할 필요는 없다.
2. 태양 복사 에너지 편차는 온도와 비례한다.

29 정답 : ④

〈문제 상황 파악하기〉

지구 자전축의 경사각이 $22.5°$에서 θ로 변할 때의 자료이므로 정확한 θ값은 알 수 없지만 적어도 θ값이 $22.5°$보다 큰지, 작은지 판단해야 한다. 6~8월 북반구는 여름철이다. 그 시기에 지구에 도달하는 태양 복사 에너지의 변화량은 양(+)이므로 기온의 연교차는 현재보다 크다고 판단할 수 있다. 따라서 θ의 값은 $22.5°$보다 크다.

〈선지 판단하기〉

ㄱ 선지 지구 공전 궤도면과 자전축이 이루는 각 (X)

지구 공전 궤도면과 자전축이 이루는 각은 90도에서 지구 자전축의 경사각을 뺀 값이다. 따라서 θ가 증가하므로 지구 공전 궤도면과 자전축이 이루는 각은 감소한다.

ㄴ 선지 위도 $40°N$에서 여름철에 입사하는 태양 복사 에너지양 (O)

자료를 볼 때 위도 $40°N$에서 태양 복사 에너지의 값이 양(+)값이므로 증가한다.

ㄷ 선지 남반구 중위도에서 기온의 연교차 (O)

지구 공전 궤도면과 자전축이 이루는 각 θ가 $22.5°$보다 크므로 북반구, 남반구 상관없이 기온의 연교차는 증가한다.

〈기출문항에서 가져가야 할 부분〉

1. 자전축 경사각의 크기가 커지면 남반구, 북반구 상관없이 기온의 연교차는 증가한다.

30 정답 : ③

〈문제 상황 파악하기〉

굳이 자료가 주어지지 않더라도 빙하의 변화량이 음(−)의 값을 가지는 것은 알고 있어야 한다. 하지만 자료를 통해서 그린란드에서 빙하의 감소량이 남극 대륙에서 빙하의 감소량보다 큰 것을 알 수 있다.

〈선지 판단하기〉

ㄱ 선지 $\dfrac{\text{빙하가 손실된 육지 면적}}{\text{전체 육지 면적}}$ 의 값은 남극 대륙보다 그린란드가 크다. (O)

남극 대륙은 빙하가 증가한 육지 면적이 있지만 그린란드는 빙하가 손실된 면적밖에 없기 때문에

$\dfrac{\text{빙하가 손실된 육지면적}}{\text{전체 육지면적}}$ 의 값은 남극 대륙보다 그린란드가 크다고 판단할 수 있다.

ㄴ 선지 남극 대륙에서는 빙하의 증가량보다 손실량이 크다. (O)

증가량보다 손실량이 크기 때문에 빙하의 총누적 변화량이 음(−)의 값을 가진다.

ㄷ 선지 그린란드의 지표면에서 태양 복사 에너지의 반사율은 증가하였다. (X)

태양 복사 에너지의 반사율은 육지보다 빙하가 크기 때문에 그린란드의 지표면에서 태양 복사 에너지의 반사율은 감소하였다.

〈기출문항에서 가져가야 할 부분〉

1. 남극 대륙 뿐만 아니라 그린란드에서도 빙하의 증가량보다 손실량이 크다.

31 정답 : ②

〈문제 상황 파악하기〉

현재 지구가 근일점에 위치할 때 북반구는 겨울철, 남반구는 여름철이므로 (가)는 현재, (나)는 미래 시점이다.

〈선지 판단하기〉

ㄱ 선지 남반구 기온의 연교차 (X)

지구 기온 변화에 절대적인 영향을 미치는 자전축 경사각이 미래에 감소하기 때문에 미래 시점에 남반구 기온의 연교차는 감소한다.

ㄴ 선지 우리나라 겨울철 태양의 남중 고도 (O)

자전축 경사각의 크기가 감소하므로 겨울철 남중 고도는 증가한다.

ㄷ 선지 1년 동안 지구에 도달하는 태양 복사 에너지의 양 (X)

1년 동안 지구에 도달하는 태양 복사 에너지의 양은 변화하지 않는다.

〈기출문항에서 가져가야 할 부분〉

1. 지구 자전축 방향의 변화가 문항에서 파악해야 할 물리량으로 주어진다면 필자는 2차원에서는 표현할 수 없는 방법이지만 수험생들은 들고 있는 샤프나 볼펜을 자전축이라고 생각하고 문항의 상황을 직접 눈으로 보면서 문항을 풀이하면 보다 편할 것으로 생각한다. (p.204을 참고하자.)

32 정답 : ⑤

〈문제 상황 파악하기〉

전체적으로 기온이 상승한 것을 알 수 있다.

〈선지 판단하기〉

ㄱ 선지 이 기간 동안의 지구 평균 기온은 대체로 상승하였다. (O)

이 기간 동안의 지구 평균 기온은 대체로 상승하였다.

ㄴ 선지 이 기간 동안의 기온 변화는 남반구보다 북반구에서 더 크다. (O)

이 기간 동안 기온 편차의 변화는 북반구에서 대략 1℃ 이고, 남반구에서 대략 0.8℃ 이므로 이 기간의 기온 변화는 남반구보다 북반구에서 더 크다.

ㄷ 선지 1960년 이후 극지방의 반사율은 대체로 감소하였을 것이다. (O)

1960년 이후 지구의 기온은 점차 증가했기 때문에 지구 온난화 현상으로 인해 극지방의 빙하량이 감소하여 극지방의 반사율은 대체로 감소하였을 것이다.

〈기출문항에서 가져가야 할 부분〉

1. ㄷ 선지에서 1960년을 기준으로 물어본 이유는 1960년부터 확실하게 기온이 증가하는 추세이기 때문이다.

33 정답 : ②

〈문제 상황 파악하기〉

자료를 먼저 해석하고 선지를 판단하기보다 선지를 먼저 보고 자료를 해석하는 것이 조금 더 효율적인 풀이 방법인 문제이다.

〈선지 판단하기〉

ㄱ 선지 (가)의 결과, 지표면의 반사율이 증가한다. (X)

빙하의 면적이 감소하면 지표면의 반사율이 감소한다.

ㄴ 선지 (나)는 북극권의 온난화를 강화시키는 작용이다. (O)

메테인 방출의 증가와 태양 복사 반사율의 감소는 북극권의 온난화를 강화시키는 작용이다.

ㄷ 선지 (다)의 온실 기체 중 가장 많은 양을 차지하는 것은 메테인이다. (X)

인간 활동에 의해 배출되는 온실 기체 중 가장 많은 양을 차지하는 것은 이산화 탄소(CO_2)이다.

〈기출문항에서 가져가야 할 부분〉

1. 지구 온난화가 연쇄적인 반응을 일으킨다는 것 정도만 기억해두자.

34 정답 : ③

〈문제 상황 파악하기〉

북반구에서 (태양 복사 에너지양 - 지구 복사 에너지양)의 값이 양(+)인 (가)가 7월에 관측한 자료이고, (나)가 1월에 관측한 자료이다.

〈선지 판단하기〉

ㄱ 선지 (가)는 1월에 관측한 것이다. (X)

   (가)는 7월에 관측한 것이다.

ㄴ 선지 (가)의 A 지역에서 에너지는 북쪽 방향으로 이동한다. (X)

   에너지는 과잉된 곳에서 부족한 곳으로 이동하므로 (가)의 A 지역에서 에너지는 남쪽 방향으로 이동한다.

ㄷ 선지 (나)에서 에너지 이동량은 B 위도대가 C 위도대보다 크다. (O)

   에너지의 이동량은 에너지 평형을 이루는 곳에서 가장 크다.
   따라서 (나)에서 에너지 이동량은 B 위도대가 C 위도대보다 크다.

〈기출문항에서 가져가야 할 부분〉

1. 에너지의 이동량은 흡수하는 에너지의 양과 방출하는 에너지의 양이 같은 지점에서 항상 최댓값을 가지는 것을 꼭 기억하자.

2. 흡수하는 에너지의 양과 방출하는 에너지의 양이 같아지는 지점의 위도는 대략 위도 $38°$ 부근이다.

35 정답 : ④

〈문제 상황 파악하기〉

자료를 먼저 해석하고, 선지를 판단하기보다 선지를 먼저 보고 자료를 해석하는 것이 조금 더 효율적인 풀이 방법인 문제이다.

〈선지 판단하기〉

ㄱ 선지 $B+I < A+D+E+G$ (X)

1. 개정 전 풀이방법

   B=100, A=30, E=25, G=100, I=88, C=66, D=4이고 $B+I < A+D+E+G$ 는 $100+88 < 30+4+25+100$ 이므로 $B+I > A+D+E+G$ 이다.

2. 개정 후 풀이방법

   부등식의 기본 성질에 따라서 $A+C+D+I < A+D+E+G$ 의 부등식을 $C+I < E+G$ 라고 해석할 수 있고, $C+I = E+G+D$ 이므로 $E+G+D < E+G$ 의 부등식이 성립한다. 따라서 정리하면 $D < 0$ 이므로 ㄱ 선지는 틀린 선지이다.

ㄴ 선지 대기 중 이산화 탄소의 양이 증가하면 I가 증가한다. (O)

   대기 중 이산화 탄소의 양이 증가하면 대기에서 흡수하는 복사에너지양이 증가하므로 지표로 재복사하는 에너지양(I) 또한 증가할 것이다.

ㄷ 선지 지표에서 적외선 복사 에너지의 방출량은 흡수량보다 많다. (O)

   F + G = H + I이다. 이때, F는 대류, 전도, 숨은열이고 H는 태양 복사 에너지이므로 적외선 복사 에너지가 아니다. F = 29, H = 45이므로 G 〉 I이다. 따라서 지표에서 적외선 복사 에너지의 방출량은 흡수량보다 많다.

〈기출문항에서 가져가야 할 부분〉

1. ㄱ 선지

2. 개정 후 풀이방법이 잘 이해가 되지 않는다면 사실 그냥 A ~ I까지 에너지 흡수량 방출량을 전부 암기 해버리는 것도 좋은 방법이다. 일단 암기하고, 계속해서 문제를 개정 후 풀이 방법으로 풀려고 연습하다 보면 언젠가 개정 후 풀이 방법으로 풀 수 있을 것이다.

36 정답 : ③

〈문제 상황 파악하기〉

전자기파의 파장이 짧을수록 투과력이 강한 전자기파이므로 ㉠은 자외선 영역 파장, ㉡은 가시광선 영역 파장, ㉢은 적외선 영역 파장이라고 파장할 수 있다.

〈선지 판단하기〉

ㄱ 선지 $\dfrac{E+H-C}{D}=1$이다. (O)

E+H = C+D인지 물어보는 선지이다. E+H는 지표, 대기에서 흡수하는 에너지양이고, C+D 는 지구에서 방출하는 에너지양이다. 지구는 복사 평형상태를 유지하므로 100=A+B+C+D이다. 그리고 H+E=100-(A+B)이므로 E+H = C+D의 식이 성립한다.

ㄴ 선지 C는 대부분 ㉠으로 방출되는 에너지양이다. (X)

C는 지구에서 방출되는 에너지이므로 대부분 적외선 영역의 파장을 방출한다. 따라서 C는 대부분 ㉢으로 방출되는 에너지양이다.

ㄷ 선지 대규모 산불이 진행되는 동안 발생하는 다량의 기체는 대기의 지구 복사 에너지 흡수도를 증가시 킨다. (O)

대규모 산불이 발생하면 다량의 수증기와 이산화탄소가 발생한다. 수증기와 이산화탄소는 대기의 지구 복사 에너지 흡수도를 증가시킨다.

〈기출문항에서 가져가야 할 부분〉

1. 문항을 풀기 위해서 A ~ J까지 에너지 흡수량 방출량을 전부 암기해버리는 것도 좋은 방법이다.
2. 대규모 산불이 진행되면 대부분 수증기와 이산화탄소가 발생한다.

37 정답 : ①

〈문제 상황 파악하기〉

대기 중 이산화탄소의 농도가 현재보다 2배 가량 증가한다면 지구의 연평균 기온이 상승한다고 발문을 읽고 판단할 수 있다.

〈선지 판단하기〉

ㄱ 선지 평균 해수면은 상승할 것이다. (O)

지구의 연평균 기온이 상승하면 육지의 빙하가 녹아 평균 해수면은 상승할 것이다.

ㄴ 선지 60°N의 기온 연교차는 현재보다 증가할 것이다. (X)

위도 60°N에서 여름철 기온은 대략 6℃ 정도 증가하는 반면에 겨울철 기온은 대략 10℃ 정도 증가하므로 60°N의 기온 연교차는 현재보다 감소할 것이다.

ㄷ 선지 겨울철 극지방의 기온 변화량은 북반구보다 남반구가 더 크다. (X)

겨울철 극지방의 기온 변화량은 북반구에서 대략 12℃ 정도이고, 남반구에서 대략 6℃ 이므로 겨울철 극지방의 기온 변화량은 북반구가 남반구보다 크다.

〈기출문항에서 가져가야 할 부분〉

1. 이산화 탄소의 농도가 현재보다 증가하면 여름철 기온도 물론 올라가지만, 겨울철 기온이 많이 상승하여 기온의 연교차가 감소한다.

38 정답 : ④

〈문제 상황 파악하기〉

자외선 A의 지구 대기 투과율이 자외선 B의 지구 대기 투과율보다 크다는 것을 알 수 있다.

〈선지 판단하기〉

ㄱ 선지 오존층에서 흡수되는 비율은 자외선 B가 자외선 A보다 크다. (O)

자외선은 오존층(O_3)에 흡수되므로 지표에 도달하는 자외선의 비율이 크다면 오존층에서 자외선이 잘 흡수되지 않는다고 판단할 수 있다. 따라서 오존층에서 흡수되는 비율은 자외선 A가 자외선 B보다 작다.

ㄴ 선지 이 지역의 지표에 도달하는 자외선 B의 세기는 태양의 남중 고도가 가장 높을 때 최대이다. (X)

지표에 도달하는 자외선 B의 세기는 7~8월에 가장 세다. 그러나 우리나라에서 태양의 남중 고도는 하지(6월 중순)일 때 제일 높다.

ㄷ 선지 이 지역의 지표에 도달하는 자외선 세기의 연간 변화율은 자외선 B가 자외선 A보다 크다. (O)

이 지역의 지표에 도달하는 자외선 세기의 연간 변화율은 자외선 B가 자외선 A보다 크다.

〈기출문항에서 가져가야 할 부분〉

1. 오존층은 자외선을 흡수하여 지표에 생명체가 생존할 수 있게 해준다.
2. 하지와 동지의 개념을 알아두도록 하자.

39 정답 : ①

〈문제 상황 파악하기〉

(가) 자료에서 ㉠은 지구의 대기와 지표에 의해 반사된 태양 복사 에너지를 나타내고, ㉡은 지구의 대기에 의해 흡수된 태양 복사 에너지를 가리킨다.

〈선지 판단하기〉

ㄱ 선지 (가)에서 지표에 흡수되는 태양 복사 에너지는 자외선 영역이 적외선 영역보다 적다. (O)

지표에 흡수되는 태양 복사 에너지양은 적외선 영역이 자외선 영역보다 많다.

ㄴ 선지 성층권에 도달한 다량의 화산재는 ㉠을 감소시킨다. (X)

성층권에 도달한 화산재는 지구의 대기와 지표에 의해 반사된 태양 복사 에너지를 증가시킨다.

ㄷ 선지 ㉡은 A에 해당한다. (X)

㉡은 대기에서 흡수한 "태양 복사 에너지"이고, A는 대기에서 흡수한 "지구 복사 에너지"이다.

〈기출문항에서 가져가야 할 부분〉

1. 화산이 폭발하여 나온 화산재는 태양 복사 에너지를 반사한다.

40 정답 : ④

〈문제 상황 파악하기〉

A 시기는 현재보다 이심률이 더 큰 시기이다. (나) 자료를 보고 여름에 지구는 원일점에 위치하고, 겨울에 지구는 근일점에 위치하는 것을 태양 상의 크기를 통해서 파악할 수 있다.

〈선지 판단하기〉

ㄱ 선지 지구 공전 궤도의 원일점에서 태양까지의 거리는 현재보다 A 시기가 가깝다. (X)

원일점에서 태양까지의 거리는 지구 공전 궤도의 이심률에 비례한다.

ㄴ 선지 현재 지구가 근일점에 위치할 때 북반구는 겨울이다. (O)

현재는 지구가 근일점에 위치할 때 북반구는 겨울이다.

ㄷ 선지 북반구 기온의 연교차는 현재보다 A 시기가 작다. (O)

이심률이 커지면 근일점과 태양 사이의 거리가 감소하므로 북반구 겨울철 기온이 상승한다. 따라서 북반구 기온의 연교차는 감소하므로 기온의 연교차는 현재보다 이심률이 큰 A 시기가 작다.

〈기출문항에서 가져가야 할 부분〉

1. 이심률이 변하더라도 지구의 공전 주기는 변하지 않는다.

41 정답 : ⑤

〈문제 상황 파악하기〉

자료를 먼저 해석하고 선지를 판단하기보다 선지를 먼저 보고 자료를 해석하는 것이 조금 더 효율적인 풀이 방법인 문제이다.

〈선지 판단하기〉

ㄱ 선지 (A+D)와 (B+C)의 차는 F와 같다. (O)

$F+(B+C)=(A+D)$ 인지 물어보고 있는 선지이다. (A+D)는 지표에서 흡수한 에너지양이고, F+(B+C)는 지표에서 방출하는 에너지양이다. 지구는 항상 복사 평형 상태를 이루고 있으므로 지표에서도 흡수하는 에너지의 양과 방출하는 에너지의 양이 같아야 한다.

ㄴ 선지 지구 온난화가 진행되면 D는 증가한다. (O)

지구 온난화가 진행되면 대기에서 흡수하는 에너지의 양이 증가하므로 대기에서 방출하는 에너지의 양도 증가한다.

ㄷ 선지 F가 일정할 때, 사막의 면적이 넓어지면 대류·전도에 의한 열전달이 증가한다. (O)

F가 일정할 때 사막의 면적이 넓어지면 원래 사막이 아니던 지역이 사막으로 변하므로 증발은 감소하고, 대류와 전도에 의한 열전달은 증가한다.

〈기출문항에서 가져가야 할 부분〉

1. 문항을 풀기 위해서 A ~ F까지 에너지 흡수량 방출량을 전부 암기해버리는 것도 좋은 방법이다.

42 정답 : ②

〈문제 상황 파악하기〉

문제의 자료는 여러 지구 외적 요인이 섞인 문제이므로 집중해서 판단해야 한다.

〈선지 판단하기〉

ㄱ 선지 원일점에서 30°S의 밤의 길이는 현재가 13000년 전보다 짧다. (X)

현재 원일점에서 $30°S$의 계절은 겨울이다. 13000년 전에는 지구 자전축 방향이 현재와 반대이므로 13000년 전에 $30°S$의 계절은 여름이다. 따라서 원일점에서 $30°S$의 밤의 길이는 현재가 13000년 전보다 길다.

ㄴ 선지 30°N에서 기온의 연교차는 현재가 13000년 전보다 작다. (O)

13000년 전 지구 자전축 경사각의 크기는 현재보다 크므로 기온의 연교차는 현재가 13000년 전보다 작다.

ㄷ 선지 30°S의 겨울철 태양의 남중 고도는 6500년 후가 현재보다 낮다. (X)

6500년 후 자전축 경사각은 현재보다 감소하므로 6500년 후 기온의 연교차는 감소한다. 따라서 $30°S$에서 겨울철 태양의 남중 고도는 6500년 후가 현재보다 높다고 판단할 수 있다.

〈기출문항에서 가져가야 할 부분〉

1. 기온의 연교차를 이용해서 남중 고도의 변화를 알 수 있다.

43 정답 : ⑤

〈문제 상황 파악하기〉

자연적인 요인보다 인위적인 요인에 의해 지구의 평균 기온은 많이 상승하므로 ㉠은 온실 기체, ㉡은 자연적 요인이라고 판단할 수 있다.

〈선지 판단하기〉

ㄱ 선지 지구 해수면의 평균 높이는 B 시기가 A 시기보다 높다. (O)

지구 평균 기온은 B 시기가 A 시기보다 높으므로 빙하가 많이 녹았다. 따라서 지구 해수면의 평균 높이는 B 시기가 A 시기보다 높다.

ㄴ 선지 대기권에 도달하는 태양 복사 에너지양의 변화는 ㉡에 해당한다. (O)

대기권에 도달하는 태양 복사 에너지양의 변화는 자연적 요인에 해당한다.

ㄷ 선지 B 시기의 관측 기온 변화 추세는 자연적 요인보다 온실 기체에 의한 영향이 더 크다. (O)

관측 기온 편차는 ㉡보다 ㉠과 비슷한 경향으로 변화하므로 B 시기의 관측 기온 변화 추세는 자연적 요인보다 온실 기체에 의한 영향이 더 크다고 판단할 수 있다.

〈기출문항에서 가져가야 할 부분〉

1. 인위적인 요인에 의해 지구의 기온은 크게 상승하는 반면 자연적인 요인에 의해 지구의 기온은 크게 변하지 않는다는 것을 알 수 있다.

44 정답 : ④

〈문제 상황 파악하기〉

자료를 먼저 해석하고 선지를 판단하기보다 선지를 먼저 보고 자료를 해석하는 것이 조금 더 효율적인 풀이 방법인 문제이다.

〈선지 판단하기〉

ㄱ 선지   ⊙ 시기 동안 CO_2 평균 농도는 안면도가 전 지구보다 낮다. (X)

⊙ 시기동안 CO_2의 농도는 안면도가 전 지구보다 높다.

ㄴ 선지   © 시기 동안 기온 상승률은 전 지구가 우리나라보다 작다. (O)

© 시기 동안 기온 상승률은 전 지구가 우리나라보다 작다.

ㄷ 선지   전 지구 해수면의 평균 높이는 © 시기가 © 시기보다 낮다. (O)

© 시기에서 © 시기로 갈수록 기온 편차는 증가하므로 전 지구 해수면의 평균 높이는 © 시기가 © 시기보다 낮다.

〈기출문항에서 가져가야 할 부분〉

1. 전 지구 해수면의 평균 높이는 연평균 기온에 비례한다.

45 정답 : ⑤

〈문제 상황 파악하기〉

위 자료는 (단, ~) 조건을 통해 세차 운동을 고려하지 않아도 되는 문제라는 것을 알 수 있다.

〈선지 판단하기〉

ㄱ 선지   지구 자전축 경사각 변화의 주기는 6만 년보다 짧다. (O)

지구 자전축 경사각 변화의 주기는 약 41000년이다.

ㄴ 선지   A 시기의 남반구 기온의 연교차는 현재보다 크다. (O)

A 시기에 지구 자전축 경사각은 현재보다 크므로 남반구 기온의 연교차는 현재보다 크다고 판단할 수 있다.

ㄷ 선지   원일점과 근일점에서 태양까지의 거리 차는 A 시기가 B 시기보다 크다. (O)

A 시기의 이심률은 B 시기의 이심률보다 크므로 원일점과 근일점에서 태양까지의 거리 차는 A 시기가 B 시기보다 크다고 판단할 수 있다.

〈기출문항에서 가져가야 할 부분〉

1. 지구 자전축 경사각의 변화 주기는 대략 41000년이다.

2. 이심률이 커질수록 근일점과 태양 사이 거리는 가까워진다.

3. 이심률이 커질수록 원일점과 태양 사이 거리는 멀어진다.

46 정답 : ①

〈문제 상황 파악하기〉

실험 과정을 통해 자전축과 관련된 문제라는 것을 파악하고 [탐구 과정]을 읽을 때에도 자전축에 대한 문제라는 것을 생각하며 읽어야 한다.

〈선지 판단하기〉

ㄱ 선지 ㉠의 크기는 '태양의 남중 고도'에 해당한다. (O)

밝기 측정 장치와 빛의 진행 방향이 이루는 각은 태양의 남중 고도이고, 남중 고도와 각 θ는 엇각으로 같다. 따라서 ㉠의 크기는 태양의 남중 고도에 해당한다고 판단할 수 있다.

ㄴ 선지 측정된 밝기는 θ가 클수록 감소한다. (X)

[탐구 결과]에 밝기는 θ의 값이 작을수록 감소한다.

ㄷ 선지 다른 요인의 변화가 없다면 지구 자전축의 기울기가 커질수록 우리나라 기온의 연교차는 감소한다. (X)

다른 요인의 변화가 없다면 지구 자전축의 기울기가 커질수록 우리나라 기온의 연교차는 증가한다.

〈기출문항에서 가져가야 할 부분〉

1. 지구 자전축의 기울기가 커질수록 기온의 연교차는 증가한다.

47 정답 : ②

〈문제 상황 파악하기〉

빙하의 누적 융해량은 시간이 지날수록 증가하는 경향을 보이고, 해수면의 상승은 해수의 열팽창보다 빙하의 융해에 더 많은 영향을 받는다고 할 수 있다.

〈선지 판단하기〉

ㄱ 선지 그린란드 빙하의 융해량은 ㉠ 기간이 ㉡ 기간보다 많다. (X)

그린란드 빙하의 융해량은 ㉡ 기간이 ㉠ 기간보다 많다.

ㄴ 선지 (나)에서 해수 열팽창에 의한 평균 해수면 높이 편차는 2015년이 2010년보다 크다. (O)

2010년에는 0에 가까운 값이고, 2015년에는 확실한 양(+)의 값을 가지므로 (나)에서 해수 열팽창에 의한 평균 해수면 높이 편차는 2015년이 2010년보다 크다고 판단할 수 있다.

ㄷ 선지 (나)의 전 기간 동안, 평균 해수면 높이의 평균 상승률은 해수 열팽창에 의한 것이 빙하 융해에 의한 것보다 크다. (X)

전 기간 동안 평균 해수면 높이의 평균 상승률은 빙하 융해에 의한 것이 해수 열팽창에 의한 것보다 크다.

〈기출문항에서 가져가야 할 부분〉

1. 지구의 평균 기온이 올라간다면 해수의 열팽창에 의한 해수면 상승보다 빙하의 융해에 의한 해수면 상승이 더 큰 비율을 차지한다고 할 수 있다.

48 정답 : ②

〈문제 상황 파악하기〉

현재에 해당하는 자료에 현재 자전축 경사 방향을 그려두자. (나) 자료를 통해 세차 운동이 일어난 것을 알 수 있다.

〈선지 판단하기〉

ㄱ 선지 ㉠에서 북반구는 여름이다. (X)

㉠은 현재 지구가 근일점일 때의 위치이므로 북반구의 계절은 겨울이다.

ㄴ 선지 37°N에서 연교차는 현재가 A 시기보다 작다. (O)

연교차를 판단하기 위해 계절을 생각하자. 북반구는 ㉢에서 겨울이고 ㉣ 위치에서 여름이다. 이때, 현재와 비교를 해보자. 현재와 비교한 겨울의 위치는 비슷하지만, 여름의 위치는 가까워졌다. 따라서 연교차는 현재가 A 시기보다 작다.

ㄷ 선지 37°S에서 태양이 남중했을 때, 지표에 도달하는 태양 복사 에너지양은 ㉢이 ㉡보다 적다. (X)

지표에 도달하는 태양 복사 에너지양은 계절로 판단하자. ㉡은 남반구의 가을, ㉢은 남반구의 여름이다. 이때 남반구의 지표에 도달하는 태양 복사 에너지양은 여름인 ㉢이 더 클 것이다.

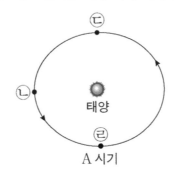

〈기출문항에서 가져가야 할 부분〉

1. 현재 북반구는 근일점에서 겨울, 원일점에서 여름이다. (남반구의 계절은 북반구의 계절과 반대이다.)

2. 이심률이 감소하면 근일점과 태양 사이 거리는 멀어지고, 원일점과 태양 사이 거리는 가까워진다.

3. 태양의 남중 고도는 기온의 연교차를 이용해서 간접적으로 판단할 수 있다.

기온의 연교차	여름 평균 기온 → 태양의 남중 고도		겨울 평균 기온 → 태양의 남중 고도	
증가	증가	증가	감소	감소
감소	감소	감소	증가	증가

01 정답 : ①

〈문제 상황 파악하기〉

동태평양에서 해수면 기압 편차를 보고 그림의 시기가 라니냐 시기라고 판단할 수 있다.

〈선지 판단하기〉

ㄱ 선지 서태평양 적도 부근 해역에서 상승 기류는 평상시보다 강하다. (O)

라니냐 시기에 서태평양 적도 부근 해역에서 상승 기류는 평상시보다 강하다.

ㄴ 선지 동태평양 적도 부근 해역에서 따뜻한 해수층의 두께는 평상시보다 두껍다. (X)

라니냐 시기에 동태평양 적도 부근 해역에서 따뜻한 해수층의 두께는 용승의 강화로 인해서 평상시보다 얇다.

ㄷ 선지 동태평양 적도 부근 해역의 해수면 높이 편차는 (+)값을 가진다. (X)

라니냐 시기에 동태평양 적도 부근 해역의 해수면 높이 편차는 무역풍에 의한 해수에 이동에 의해 (−)값을 가진다.

〈기출문항에서 가져가야 할 부분〉

1. 동태평양 해역의 대략적인 경도는 $120°W$ 이다.

02 정답 : ②

〈문제 상황 파악하기〉

자료에서 풍향의 방향을 통해 (가)는 정체 전선이고, (나)는 온난 전선이라고 판단할 수 있다.

〈선지 판단하기〉

ㄱ 선지 (가)의 전선은 온난 전선이다. (X)

(가)의 전선은 정체 전선이다.

ㄴ 선지 평균 기온은 A보다 B에서 높다. (O)

그림 (가)와 (나)는 북반구에 위치하므로 평균 기온은 A보다 B에서 높다.

ㄷ 선지 C의 상공에는 전선면이 존재한다. (X)

전선의 전선면은 차가운 공기가 위치한 지역에 위치한다. 따라서 C 상공에는 전선면이 존재하지 않는다.

〈기출문항에서 가져가야 할 부분〉

1. 전선의 전선면은 차가운 공기가 위치한 지역에 위치한다.

03 정답 : ①

〈문제 상황 파악하기〉

이어도는 안전 반원에 위치했다.

〈선지 판단하기〉

ㄱ 선지 18일 09시부터 21시까지 이어도에서 풍향은 시계 반대 방향으로 변했다. (O)

   이어도는 안전 반원에 위치하므로 이어도에서 풍향은 시계 반대 방향으로 변했다.

ㄴ 선지 태풍의 중심 기압은 18일 09시가 19일 09시보다 높다. (X)

   최대 풍속이 20m/s 이상인 지역의 넓이가 18일 09시가 19일 09시보다 작으므로 태풍의 중심
   기압은 18일 09시가 19일 09시보다 낮다고 판단할 수 있다.

ㄷ 선지 이어도 해역에서 표층 해수의 연직 혼합은 A 시기가 B 시기보다 강했다. (X)

   표층 해수의 연직 혼합이 활발해지면 수심 10m와 40m의 수온 차이가 작을 것이다. 따라서 (나)
   자료를 통해서 표층 해수의 연직 혼합은 B 시기가 A 시기보다 강했다고 판단할 수 있다.

〈기출문항에서 가져가야 할 부분〉

1. 최대 풍속이 20m/s 이상인 지역의 넓이가 넓을수록 태풍의 중심 기압이 낮다고 판단할 수 있다.

04 정답 : ③

〈문제 상황 파악하기〉

A 시기는 현재보다 자전축 경사각이 커졌으므로 연교차는 현재보다 큰 시기이고, B 시기는 현재보다 자전
축 경사각이 작아졌으므로 연교차는 현재보다 작은 시기이다.

〈선지 판단하기〉

ㄱ 선지 현재 근일점에서 북반구의 계절은 겨울이다. (O)

   현재 근일점에서 북반구는 겨울철이고, 남반구는 여름철이다.

ㄴ 선지 (나)에서 6월의 태양 복사 에너지의 감소량은 $20°N$보다 $60°N$에서 많다. (O)

   (나)에서 6월의 태양 복사 에너지의 감소량은 $20°N$보다 $60°N$에서 많다.

ㄷ 선지 $40°N$에서 연교차는 A 시기보다 B 시기가 크다. (X)

   기온의 연교차는 A 시기가 B 시기보다 크다.

〈기출문항에서 가져가야 할 부분〉

1. 자전축 경사각의 증가는 기온 연교차의 증가를, 자전축 경사각의 감소는 기온 연교차의 감소를 의미
   한다.

05 정답 : ①

〈문제 상황 파악하기〉

폐색 전선을 동반한 온대 저기압이므로 $X-X'$는 A이고, $Y-Y'$는 B이다. (㉠ 지역에는 맑은 날씨이므로 강수량이 없다.)

〈선지 판단하기〉

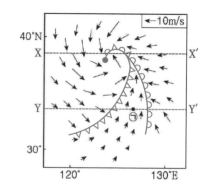

ㄱ 선지 A는 $X-X'$에서의 강수량 분포이다. (O)

　　　　A는 $X-X'$에서의 강수량 분포이다.

ㄴ 선지 $Y-Y'$에는 폐색 전선이 위치한다. (X)

　　　　폐색 전선은 $X-X'$에 위치한다.

ㄷ 선지 ㉠지점의 상공에는 전선면이 있다. (X)

　　　　㉠ 지점의 상공에는 전선면이 없다.

〈기출문항에서 가져가야 할 부분〉

1. $X-X'$, $Y-Y'$에서 강수량의 분포를 구름이 전선면 위에 위치하는 것을 가지고 파악해야 한다.

06 정답 : ②

〈문제 상황 파악하기〉

태풍 경보는 태풍 주의보보다 태풍에 의한 피해가 클 것 같으면 기상청에서 발표하는 기상특보이다. 따라서 A는 ㉡에 의한 상황이고, B는 ㉠에 의한 상황이라고 판단할 수 있다.

〈선지 판단하기〉

ㄱ 선지 A는 태풍 ㉠에 의한 특보 상황이다. (X)

　　　　A는 태풍 ㉡에 의한 특보 상황이다.

ㄴ 선지 B의 특보 상황이 발효된 시기에 제주도는 태풍의 위험 반원에 위치한다. (O)

　　　　B의 특보 상황이 발효된 시기에 제주도는 태풍의 위험 반원에 위치한다.

ㄷ 선지 A와 B의 특보 상황이 발효된 시기에 태풍의 세력은 ㉠보다 ㉡이 약하다. (X)

　　　　A와 B의 특보 상황이 발효된 시기에 태풍의 세력은 ㉠보다 ㉡이 강하다.

〈기출문항에서 가져가야 할 부분〉

1. 강풍 반경을 통해 태풍의 진행 경로를 추측할 수 있다.

07 정답 : ③

〈문제 상황 파악하기〉

(가) 자료에서 표층 해수의 이동 방향을 통해서 표층 수온이 $T_C > T_B > T_A$일 것을 알 수 있다. 따라서 ㉠은 C 해역에서, ㉡은 A 해역에서, ㉢은 B 해역에서 측정한 자료이다.

〈선지 판단하기〉

① 선지 A에는 북태평양 해류가 흐른다. (X)

   A에는 북태평양 해류가 흐른다.

② 선지 ㉠은 C에서 측정한 자료이다. (X)

   ㉠은 C에서 측정한 자료이다.

③ 선지 표면 해수의 염분은 B에서 가장 높다. (O)

   표면 해수의 염분은 ㉡에서 가장 높고, ㉡은 A 해역이다.

④ 선지 C에 흐르는 표층 해류는 무역풍의 영향을 받는다. (X)

   C에 흐르는 적도 해류는 무역풍의 영향을 받는다.

⑤ 선지 혼합층의 두께는 C보다 A에서 두껍다. (X)

   혼합층의 두께는 (나)의 수온(℃)를 통해서 혼합층의 두께는 C보다 A에서 두껍다고 판단할 수 있다.

〈기출문항에서 가져가야 할 부분〉

1. (가) 자료에 나타난 해역 A, B, C에서 표층 염분의 농도는 A에서 가장 높고, C에서 가장 낮다.

08 정답 : ③

〈문제 상황 파악하기〉

동태평양 해역에서 깊이에 따른 수온 편차가 양(+)의 값을 가지는 (가)는 엘니뇨 시기이고, (나)는 라니냐 시기라고 판단할 수 있다.

〈선지 판단하기〉

ㄱ 선지 무역풍의 세기가 강하다. (O)

   무역풍의 세기는 라니냐 시기가 엘니뇨 시기보다 강하다.

ㄴ 선지 동태평양 적도 부근 해역에서의 용승이 강하다. (O)

   동태평양 적도 부근 해역에서의 용승은 라니냐 시기가 엘니뇨 시기보다 강하다.

ㄷ 선지 서태평양 적도 부근 해역에서의 해면 기압이 크다. (X)

   서태평양 적도 부근 해역에서 라니냐 시기에는 저기압이, 엘니뇨 시기에는 고기압이 발달한다.

〈기출문항에서 가져가야 할 부분〉

1. 엘니뇨 시기와 라니냐 시기에 나타나는 특징을 잘 알고 있어야 한다.

09 정답 : ③

〈문제 상황 파악하기〉

한랭 전선과 온난 전선의 배치를 보고 남반구에서 관측한 온대 저기압인 것을 알 수 있다.

〈선지 판단하기〉

ㄱ 선지 온난 전선은 ⓒ이다. (O)

　　　　온난 전선은 ⓒ이다.

ㄴ 선지 구름의 두께는 A 지역이 C 지역보다 두껍다. (O)

　　　　구름의 두께는 한랭 전선 후면에서가 온난 전선 전면에서보다 두껍다.

ㄷ 선지 지점 B의 상공에는 전선면이 발달한다. (X)

　　　　B 지점 상공에는 전선면이 발달하지 않는다.

〈기출문항에서 가져가야 할 부분〉

1. 한랭 전선과 온난 전선의 배치, 모양을 보고 북반구인지 남반구인지 판단할 수 있다.

10 정답 : ②

〈문제 상황 파악하기〉

수온 연직 분포를 보고 혼합층, 수온 약층, 심해층을 구분할 수 있어야 한다.

〈선지 판단하기〉

ㄱ 선지 A 구간은 혼합층이다. (X)

　　　　A 구간은 깊이가 감소함에 따라서 수온이 낮아지므로 혼합층이라고 할 수 없다.

ㄴ 선지 B 구간에서는 해수의 연직 혼합이 활발하게 일어난다. (X)

　　　　B 구간에서는 깊이가 깊어짐에 따라서 밀도가 증가하므로 해수의 연직 혼합이 활발하게 일어난다고 할 수 없다.

ㄷ 선지 깊이에 따른 수온의 평균 변화량은 B 구간이 C 구간보다 크다. (O)

　　　　깊이에 따른 수온의 평균 변화량은 B 구간이 C 구간보다 크다.

〈기출문항에서 가져가야 할 부분〉

1. 혼합층, 수온약층의 특징을 잘 알고 있어야 한다.

11 정답 : ④

〈문제 상황 파악하기〉

북대서양 심층수가 나타나는 (나) 자료가 현재, (가) 자료는 신생대 팔레오기라고 판단할 수 있다. (기출 문항에서 가져가야 할 부분을 꼭 읽어주길 바란다.)

〈선지 판단하기〉

ㄱ 선지　지구의 평균 기온은 (나)일 때가 (가)일 때보다 높다. (X)

　　　　지구의 평균 기온은 신생대 팔레오기일 때가 현재보다 높다.

ㄴ 선지　(나)에서 해수의 평균 염분은 B′가 A′보다 높다. (O)

　　　　(나)에서 해수의 평균 염분은 B′가 A′보다 높다.

ㄷ 선지　B는 B′보다 북반구의 고위도까지 흐른다. (O)

　　　　B는 B′보다 북반구의 고위도까지 흐른다.

〈기출문항에서 가져가야 할 부분〉

1. 이 문항은 7월 학력평가에서 오답률이 굉장히 높은 문항이었다. 그 이유는 이 문항을 풀이하기 위해서는 현재 심층 순환의 자료에 대하여 자세하게 알고 있고, 자료 해석 능력이 매우 많이 필요한 문항이기 때문이다.

2. 현재 남극 웨델해 부근에서 침강하는 심층 해수인 남극 저층수의 이동은 대략 $30°N$이므로 (나)가 현재의 자료이고, (가)가 신생대 팔레오기의 자료라고 해석해야 한다.

3. 신생대 초기에 기온은 현재보다 높았고 현재의 기온은 신생대 중에서 가장 낮은 시기이다. 따라서 지구의 평균 기온은 신생대 팔레오기가 현재보다 높았다.

4. 심층수의 수온보다 표층수의 수온이 높으므로 지구의 평균 기온이 높은 시기에 평균 표층 수온이 높고, 표층 수온이 높을수록 표층수가 고위도까지 분포한다고 해석한다면 신생대 팔레오기의 평균 기온이 현재의 평균 기온보다 높다고 판단할 수 있다.

5. 이 문항의 해설을 읽고 "아니 내가 도대체 어디까지 공부를 해야 하는 거야?"라고 생각하는 수험생들에게 이런 부분까지는 공부할 수 없고, 적어도 수능에서 이런 방식으로 문항이 출제될 때는 앞선 모의고사 한 번쯤은 언급해줄 것이므로 올 한해 1년 동안 나오는 기출 문제들을 완벽히 분석해야 한다고 말해주고 싶다.

12 정답 : ⑤

〈문제 상황 파악하기〉

자료를 먼저 해석하고, 선지를 판단하기보다 선지를 먼저 보고 자료를 해석하는 것이 조금 더 효율적인 풀이 방법인 문제이다.

〈선지 판단하기〉

ㄱ 선지 $A+B-C=E-D$이다. (O)

대기에서 방출해 지표에 흡수하는 복사 에너지를 G라 할 때, A+B+D+G는 흡수한 복사 에너지의 양이고, E+C+G는 방출한 복사 에너지의 양이다. 지구는 복사 평형 상태이므로 대기와 지표에서 흡수한 에너지의 양과 대기와 지표에서 방출한 에너지의 양이 같아야 한다.

ㄴ 선지   지구 온난화가 진행되면 B가 증가한다. (O)

지구 온난화가 진행되면 지표에서 대기로 방출하는 복사 에너지의 양이 증가한다.

ㄷ 선지   C는 주로 적외선 영역으로 방출된다. (O)

대기에서 방출하는 에너지는 주로 적외선 영역으로 방출된다.

〈기출문항에서 가져가야 할 부분〉

1. ㄱ 선지에서 대기가 방출하는 복사 에너지 중 지표로 흡수되는 복사 에너지는 지표에서 방출되는 에너지에 포함된다.

13 정답 : ①

〈문제 상황 파악하기〉

다른 유형들과는 다르게 북반구가 여름일 때 지구의 공전 궤도 상의 위치 자료를 줬다. 북반구의 여름은 항상 6~8월이므로 여름이 근일점과 원일점을 반복적으로 거치는 것은 세차 운동이 일어났기 때문이다.

〈선지 판단하기〉

ㄱ 선지 남반구 기온의 연교차는 현재가 ㉠시기보다 크다. (O)

㉠ 시기에 지구 자전축의 기울기는 현재의 지구 자전축의 기울기보다 작으므로 남반구 기온의 연교차는 현재가 ㉠시기보다 크다.

ㄴ 선지 30°N에서 겨울철 태양의 남중 고도는 ㉡ 시기가 현재보다 높다. (X)

㉡ 시기에 자전축 기울기는 현재보다 크므로 겨울철 태양의 남중 고도는 ㉡ 시기가 현재보다 낮다. (기울기의 크기가 크므로 기온의 연교차가 커야 한다. 따라서 현재보다 여름철 태양의 남중 고도는 높고, 겨울철 태양의 남중 고도는 낮아야 한다.)

ㄷ 선지 근일점에서 태양까지의 거리는 ㉡ 시기가 ㉠ 시기보다 멀다. (X)

근일점에서 태양까지의 거리는 이심률이 클수록 가깝기 때문에 ㉠ 시기가 ㉡ 시기보다 멀다.

〈기출문항에서 가져가야 할 부분〉

1. 기온 연교차의 증감을 잘 이용하면 생각보다 문제를 쉽게 풀 수 있다.

14 정답 : ⑤

〈문제 상황 파악하기〉

(가)는 적도 부근의 풍속 편차가 양(+)의 값이므로 라니냐 시기이고, (나)는 적도 부근의 풍속 편차가 음(-)의 값이므로 엘니뇨 시기이다.

〈선지 판단하기〉

ㄱ 선지 A 해역의 강수량은 (가)일 때가 (나)일 때보다 많다. (O)

A(서태평양) 해역의 강수량은 라니냐 시기가 엘니뇨 시기보다 많다.

ㄴ 선지 (나)일 때 B 해역에서 수온 약층이 나타나기 시작하는 깊이 편차(관측값-평년값)은 양(+)의 값을 갖는다. (O)

엘니뇨 시기에 B(동태평양) 해역의 수온 약층이 나타나기 시작하는 깊이는 용승의 약화로 인해 깊어지므로 수온 약층이 나타나기 시작하는 깊이 편차는 양(+)의 값을 가진다.

ㄷ 선지 A 해역과 B 해역의 해수면 높이 차는 (가)일 때가 (나)일 때보다 크다. (O)

A 해역과 B 해역의 해수면 높이 차이 즉, 동서방향 해수면 기울기는 라니냐 시기가 엘니뇨 시기보다 크다.

〈기출문항에서 가져가야 할 부분〉

1. 라니냐 시기 풍속 편차는 양(+)의 값을 가지고, 엘니뇨 시기 풍속 편차는 음(-)의 값을 가진다.

15 정답 : ②

〈문제 상황 파악하기〉

자료를 먼저 해석하고 선지를 판단하기보다 선지를 먼저 보고 자료를 해석하는 것이 조금 더 효율적인 풀이 방법인 문제이다.

〈선지 판단하기〉

ㄱ 선지 지구의 평균 기온은 3억 년 전이 2억 년 전보다 높았다. (X)

대륙 빙하 분포 면적은 3억 년 전이 2억 년 전보다 넓으므로 지구의 평균 기온은 2억 년 전이 3억 년 전보다 높았다.

ㄴ 선지 공룡이 멸종한 시기에 35°N에는 대륙 빙하가 분포하였다. (X)

공룡이 멸종한 시기는 중생대 말이고, 이 시기에 35°N에는 대륙 빙하가 분포하지 않았다.

ㄷ 선지 평균 해수면의 높이는 백악기가 제4기보다 높았다. (O)

대륙 빙하 분포 면적이 더 작은 백악기의 평균 기온이 제4기의 평균 기온보다 높다고 판단할 수 있다. 따라서 평균 해수면의 높이는 백악기가 제4기보다 높았다.

〈기출문항에서 가져가야 할 부분〉

1. 중생대에는 빙하기가 없었다는 것을 반드시 기억하자.

16 정답 : ④

〈문제 상황 파악하기〉

강수 구역의 분포를 통해서 (가)보다 (나)에서 정체 전선이 보다 북쪽에 위치했다고 판단할 수 있다. 따라서 (나) 시기에 정체 전선이 북상한 것이다.

〈선지 판단하기〉

ㄱ 선지 전선은 (가) 시기보다 (나) 시기에 북쪽에 위치하였다. (O)

전선은 (가) 시기보다 (나) 시기에 북쪽에 위치하였다.

ㄴ 선지 (가) 시기에 A에서는 주로 남풍 계열의 바람이 불었다. (X)

(가) 시기에 A에서는 주로 북풍 계열의 바람이 불었다.

ㄷ 선지 A에서 열대야가 발생한 시기는 (나)이다. (O)

A에서 열대야가 발생한 시기는 따뜻한 기단의 영향을 받는 (나)이다.

〈기출문항에서 가져가야 할 부분〉

1. 정체 전선은 찬 공기와 따뜻한 공기가 만나서 만들어진다.

17 정답 : ⑤

〈문제 상황 파악하기〉

(나)에서 기압의 크기와 풍향 및 풍속을 보고 A는 ©, B는 ©, C는 ⑦이라고 판단할 수 있다. 또한, 측정한 시각에 태풍의 중심이 위치한 위치 또한 대략적으로 파악할 수 있다.

〈선지 판단하기〉

ㄱ 선지 A는 태풍의 안전 반원에 위치한다. (O)

　　　　A는 태풍 진행 방향의 왼쪽에 위치하므로 태풍의 안전 반원에 위치한다.

ㄴ 선지 ⑦은 C에서 관측한 자료이다. (O)

　　　　⑦의 기압은 ⑦, ©, ©중에서 가장 낮게 측정되므로 태풍 이동 경로와 가장 가까운 C가 ⑦이라고 할 수 있다.

ㄷ 선지 (나)는 태풍의 중심이 세 관측소보다 고위도에 위치할 때 관측한 자료이다. (O)

　　　　풍향의 분포를 보고 태풍의 중심이 세 관측소보다 고위도에 위치할 때 관측한 자료라고 판단할 수 있다.

〈기출문항에서 가져가야 할 부분〉

1. 태풍 중심의 위치를 파악할 때는 풍향과 기압을 모두 이용할 수도 있다.

18 정답 : ②

〈문제 상황 파악하기〉

문항의 자료는 엘니뇨, 라니냐 시기에 중앙 태평양 적도 해역에서 관측한 바람의 풍향 "빈도"를 나타낸 자료라고 했으니 동풍계열 바람이 많이 부는 (가)가 라니냐 시기, (나)는 엘니뇨 시기라고 할 수 있다. (나) 자료에서 동풍과 서풍이 섞여서 부는 이유를 관측한 중앙 태평양 적도 해역을 워커 순환의 상승 기류가 위치하는 곳이라고 생각하면 편하다.

〈선지 판단하기〉

ㄱ 선지 무역풍의 세기는 (가)일 때가 (나)일 때보다 약하다. (X)

   무역풍의 세기는 라니냐 시기가 엘니뇨 시기보다 강하다.

ㄴ 선지 (나)일 때 서태평양 적도 해역의 기압 편차(관측값 – 평년값)는 양(+)의 값을 갖는다. (O)

   엘니뇨 시기에 서태평양 적도 해역에는 고기압이 발달하므로 서태평양 적도 해역의 기압 편차는 양(+)의 값을 갖는다.

ㄷ 선지 동태평양 적도 해역에서 따뜻한 해수층의 두께는 (가)일 때가 (나)일 때보다 두껍다. (X)

   동태평양 적도 해역에서 따뜻한 해수층의 두께는 엘니뇨 시기가 라니냐 시기보다 두껍다.

〈기출문항에서 가져가야 할 부분〉

1. ㄷ 선지의 동태평양 적도 해역에서 따뜻한 해수층의 두께는 수온 약층이 시작하는 깊이를 의미하기도 한다.

19 정답 : ④

〈문항의 발문 해석하기〉

그림은 1750년 대비 2011년의 지구 기온 변화를 요인별로 나타낸 것이다.

▶ 1750년부터 2011년까지 지구 기온 변화를 요인별로 파악하여 선지의 물음에 답해야 하는 문항이다.

〈문항의 자료 해석하기〉

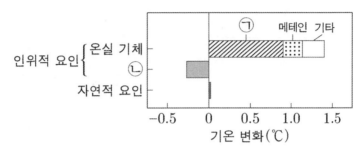

인위적인 요인인 온실 기체에 의해 지구의 기온은 상승했고, ⓒ에 의해 기온이 감소했고, 자연적 요인으로 인해 지구의 기온이 상승했다고 판단할 수 있다.

〈선지 판단하기〉

ㄱ 선지 기온 변화에 대한 영향은 ㉠이 자연적 요인보다 크다. (O)

ㄱ㉠에 의한 기온 변화는 대략 1.0℃ 이고, 자연적 요인에 의한 기온 변화는 0에 수렴하므로 기온 변화에 대한 영향은 ㉠이 자연적 요인보다 크다.

ㄴ 선지 인위적 요인 중 ⓒ은 기온을 상승시킨다. (X)

ㄴ인위적 요인 중 ⓒ은 기온을 하강시킨다.

ㄷ 선지 자연적 요인에는 태양 활동이 포함된다. (O)

ㄷ태양 활동은 인간이 조절할 수 없는 요인이므로 자연적 요인에는 태양 활동이 포함된다.

〈기출문항에서 가져가야 할 부분〉

1. 처음 보는 자료더라도 당황하지 말고 선지를 읽고 합리적인 판단을 해나가면 문항을 풀이할 수 있다.

20 정답 : ⑤

〈문항의 발문 해석하기〉

그림 (가)와 (나)는 어느 해 A, B 시기에 우리나라 두 해역에서 측정한 연직 수온 자료를 각각 나타낸 것이다.

►연직 수온 자료이므로 깊이 0m일 때에 주목하여 문항을 판단하면 된다.

〈문항의 자료 해석하기〉

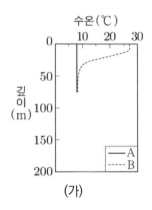
(가)

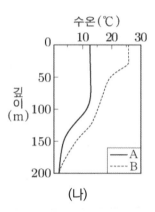
(나)

표층 수온은 A가 B보다 낮으므로 A 시기는 겨울철, B 시기는 여름철이라고 판단할 수 있다.

〈선지 판단하기〉

ㄱ 선지 (가)에서 50m 깊이의 수온과 표층 수온의 차이는 B가 A보다 크다. (O)

(가)에서 A의 50m 깊이의 수온과 표층 수온의 차이는 0이고, B의 50m 깊이의 수온과 표층 수온의 차이는 대략 20이므로 50m 깊이의 수온과 표층 수온의 차이는 B가 A보다 크다고 판단할 수 있다.

ㄴ 선지 A와 B의 표층 수온 차이는 (가)가 (나)보다 크다. (O)

(가)에서 A와 B의 표층 수온 차이는 약 $20℃$이고, (나)에서 A와 B의 표층 수온 차이는 약 $10℃$이므로 A와 B의 표층 수온 차이는 (가)가 (나)보다 크다고 판단할 수 있다.

ㄷ 선지 B의 혼합층 두께는 (나)가 (가)보다 두껍다. (O)

혼합층은 깊이가 깊어지더라도 수온이 일정한 층이므로 B의 혼합층의 두께는 (나)가 (가)보다 두껍다.

〈기출문항에서 가져가야 할 부분〉

1. "깊이/높이에 따른~"유형의 자료가 주어진다면 깊이/높이가 0m일 때를 기준으로 문항의 자료를 해석해야 한다.

21 정답 : ①

〈문항의 발문 해석하기〉

그림 (가)는 어느 태풍이 우리나라 부근을 지나는 어느 날 21시에 촬영한 적외 영상에 태풍 중심의 이동 경로를 나타낸 것이고, (나)는 다음 날 05시부터 3시간 간격으로 우리나라 어느 관측소에서 관측한 기상 요소를 나타낸 것이다.

► 우리나라 주변에 태풍이 지나가면서 관측소 A에서 나타나는 변화에 관하여 물어보는 문항이다.

〈문항의 자료 해석하기〉

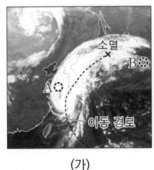

(가)

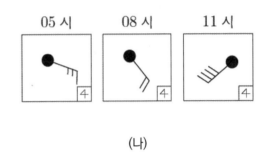

(나)

북반구에 위치하는 관측소 A는 저기압 중심 진행 방향에 왼쪽에 위치하고, 관측소 B는 저기압 중심 진행 방향에 오른쪽에 위치한다.

05시에는 동남동풍, 08시에는 남동풍, 11시에는 남서풍 계열의 바람이 불었다. 따라서 관측소에서 풍향은 시계 방향으로 변했다.

〈선지 판단하기〉

ㄱ 선지 (가)에서 태풍의 최상층 공기는 주로 바깥쪽으로 불어 나간다. (O)

태풍의 최상층 공기는 주로 바깥쪽으로 불어 나간다.

ㄴ 선지 (가)에서 구름 최상부의 고도는 B 지역이 A 지역보다 높다. (X)

적외선 영상에서 밝게 나타날수록 구름의 고도는 높으므로 구름 최상부의 고도는 B 지역이 A 지역보다 낮다.

ㄷ 선지 관측소는 태풍의 안전 반원에 위치하였다. (X)

관측소에서 풍향은 시계 방향으로 변했으므로 관측소는 B라고 판단할 수 있고, 관측소 B는 위험 반원에 위치했다.

〈기출문항에서 가져가야 할 부분〉

1. 태풍의 최상층 공기는 시계 방향으로 발산한다. (이제는 평가원 기출 문항에서 2번이나 출제가 된 개념 이므로 무조건 알아야 하는 개념이다.)

22 정답 : ②

〈문항의 발문 해석하기〉

그림 (가)와 (나)는 어느 해 2월과 8월의 남태평양의 표층 수온을 순서 없이 나타낸 것이다. A와 B는 주요 표층 해류가 흐르는 해역이다.

▶ 자료 (가)와 (나)가 각각 2월과 8월 중 어느 시기에 해당하는지 파악해야 하는 문항이다.

〈문항의 자료 해석하기〉

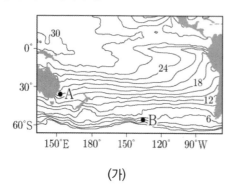

(가)

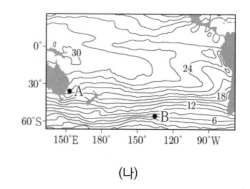

(나)

적도 부근에서 최대 표층 수온은 약 30℃이고, 최대 표층 수온은 북반구 쪽에 위치하므로 (가)는 8월의 표층 수온 자료라고 판단할 수 있다.

적도 부근에서 최대 표층 수온은 약 30℃이고, 최대 표층 수온은 남반구 쪽에 위치하므로 (나)는 1월의 표층 수온 자료라고 판단할 수 있다.

〈선지 판단하기〉

ㄱ 선지 8월에 해당하는 것은 (나)이다. (X)

   8월에 해당하는 자료는 (가)이다.

ㄴ 선지 A에서 흐르는 해류는 고위도 방향으로 에너지를 이동시킨다. (O)

   A에는 난류가 흐르므로 A에서 흐르는 해류는 고위도 방향으로 에너지를 이동시킨다고 판단할 수 있다.

ㄷ 선지 B에서 흐르는 해류와 북태평양 해류의 방향은 반대이다. (X)

   B에서 흐르는 해류는 남극 순환류이므로 남극 순환류와 북태평양 해류의 방향은 같은 방향이다.

〈기출문항에서 가져가야 할 부분〉

1.수온 자료를 통해 대기 대순환으로 인해 발생하는 해류의 위치를 파악할 수 있어야 한다.

23 정답 : ④

〈문항의 발문 해석하기〉

그림 (가)는 $T_1 \rightarrow T_2$동안 온대 저기압의 이동 경로를, (나)는 관측소 P에서 T_1, T_2 시각에 관측한 높이에 따른 기온을 나타낸 것이다. 이 기간 동안 (가)의 온난 전선과 한랭 전선 중 하나가 P를 통과하였다.

▶ 온대 저기압의 이동에 따라서 관측소 P에 온난 전선과 한랭 전선 중 어떤 것이 통과하였는지 파악하고, 발문에 "높이에 따른~"이 언급되었으므로 높이가 0일 때에 집중하여 자료를 파악하자.

〈문항의 자료 해석하기〉

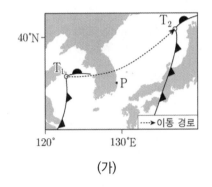

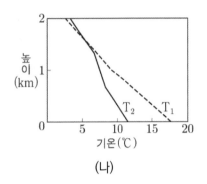

(가)

(나)

북반구에 위치한 관측소 P는 저기압 중심 진행 방향에 오른쪽에 위치하므로 관측소 P에서 풍향의 변화는 시계 방향으로 변화했다.

높이 0일 때 즉, T_1일 때 지표면에서 온도는 T_2일 때 지표면에서 온도보다 높으므로 관측소 P를 통과한 전선은 한랭 전선이라고 판단할 수 있다.

〈선지 판단하기〉

ㄱ 선지 (나)에서 높이에 따른 기온 감소율은 T_1이 T_2보다 작다. (X)

T_1일 때 기온 감소율은 약 10℃라고 할 수 있고, T_2일 때 기온 감소율은 약 5℃라고 할 수 있다. 따라서 높이에 따른 기온 감소율은 T_1이 T_2보다 크다.

ㄴ 선지 P를 통과한 전선은 한랭 전선이다. (O)

관측소 P에 전선이 통과 전후를 기점으로 지표면에서 기온은 하강했다. 따라서 관측소 P를 통과한 전선은 한랭 전선이라고 판단할 수 있다.

ㄷ 선지 P에서 전선이 통과하는 동안 풍향은 시계 방향으로 바뀌었다. (O)

북반구에 위치하는 관측소 P는 저기압 중심의 남쪽이므로 P에서 전선이 통과하는 동안 풍향은 시계 방향으로 바뀌었다.

〈기출문항에서 가져가야 할 부분〉

1. "A에 따른 B의 감소율..."에 관한 선지가 나온다면 $\dfrac{\Delta B}{\Delta A}$로 판단해야 한다.

2. "높이에 따른 or 깊이에 따른 ~"에 관한 선지 혹은 발문이 나온다면 높이나 깊이가 0일 때 즉, 지표면, 표층을 기준으로 자료를 해석하는 것을 추천한다.

〈문항의 발문 해석하기〉

그림은 동태평양 적도 부근 해역의 강수량 편차와 수온 약층 시작 깊이 편차를 나타낸 것이다. A, B, C는 각각 엘니뇨와 라니냐 시기 중 하나이고, 편차는 (관측값−평년값)이다.

► 동태평양 적도 부근 해역의 강수량 편차와 수온 약층 시작 깊이 편차를 가지고 A, B, C 시기가 각각 엘니뇨 시기인지, 라니냐 시기인지 파악하는 문항이다.

〈문항의 자료 해석하기〉

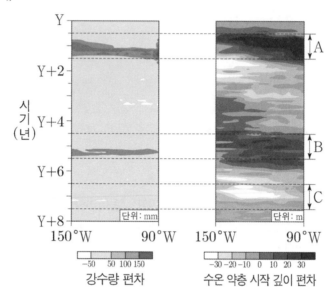

동태평양 적도 부근 해역에서 수온 약층이 시작하는 깊이 편차가 양(+)의 값일 때는 엘니뇨 시기이고, 편차가 음(−)의 값일 때는 라니냐 시기이므로 A와 B는 엘니뇨 시기, C는 라니냐 시기라고 판단할 수 있다.

〈선지 판단하기〉

ㄱ 선지 강수량은 A가 B보다 많다. (O)

강수량 편차의 값이 A에서가 B에서보다 크므로 동태평양 적도 부근 해역에서 강수량은 A가 B보다 많다고 판단할 수 있다.

ㄴ 선지 용승은 C가 평년보다 강하다. (O)

C 시기는 라니냐 시기이므로 라니냐 시기에 동태평양 적도 부근 해역에서 용승은 C가 평년보다 강하다.

ㄷ 선지 평균 해수면 높이는 A가 C보다 높다. (O)

동태평양 적도 부근에서 평균 해수면의 높이는 해수의 열팽창에 의해 A(엘니뇨) 시기가 C(라니냐) 시기보다 높다.

〈기출문항에서 가져가야 할 부분〉

1. 엘니뇨나 라니냐도 상대적인 세기가 존재한다. 강한/약한 엘니뇨, 강한/약한 라니냐 등이 존재한다고 문항을 통해서 유추할 수 있다.

25 정답 : ①

〈문항의 발문 해석하기〉

그림은 대서양의 수온과 염분 분포를, 표는 수괴 A, B, C의 평균 수온과 염분을 나타낸 것이다. A, B, C는 남극 저층수, 남극 중층수, 북대서양 심층수를 순서 없이 나타낸 것이다.

▶ 그림 자료와 표를 통해서 A, B, C에 남극 저층수, 남극 중층수, 북대서양 심층수를 매칭하는 문항이다.

〈문항의 자료 해석하기〉

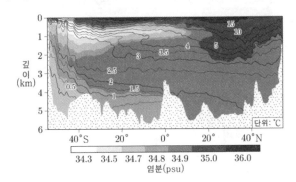

수괴	평균 수온(℃)	평균 염분(psu)
A	2.5	34.9
B	0.4	34.7
C	( )	34.3

심층수의 염분은 북대서양 심층수 〉 남극 저층수 〉 남극 중층수이므로 A는 북대서양 심층수, B는 남극 저층수, C는 남극 중층수라고 판단할 수 있다.

〈선지 판단하기〉

ㄱ 선지   A는 북대서양 심층수이다. (O)

A는 북대서양 심층수라고 "〈문항의 자료 해석하기〉"에서 판단했다.

ㄴ 선지   평균 밀도는 A가 C보다 작다. (X)

평균 밀도는 A(북대서양 심층수)가 C(남극 중층수)보다 크다.

ㄷ 선지   B는 주로 남쪽으로 이동한다. (X)

B(남극 저층수)는 남극 웨델해 부근에서 침강하므로 주로 북쪽으로 이동한다.

〈기출문항에서 가져가야 할 부분〉

1. 수온-염분도에서 남극 저층수, 남극 중층수, 북대서양 심층수의 대략적인 위치를 암기하고 있어야 문항을 풀이할 때 편리하다.

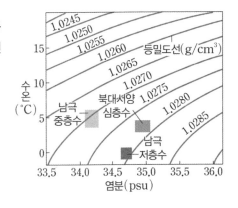

26 정답 : ①

〈문항의 발문 해석하기〉

다음은 뇌우, 우박, 황사에 대하여 학생 A, B, C가 나눈 대화를 나타낸 것이다.

▶ 많이 접해본 유형의 문제이다. 학생들이 하는 말 중에서 옳은 말을 한 학생만 판단하면 되는 문항이다.

〈문항의 자료 해석하기〉

〈선지 판단하기〉

학생 A   뇌우는 성숙 단계에서 천둥과 번개를 동반해. (O)

뇌우의 성숙 단계에는 적운형 구름이 발달하므로 뇌우는 성숙 단계에서 천둥과 번개를 동반한다고 판단할 수 있다.

학생 B   우박은 주로 층운형 구름에서 발생해. (X)

우박이 만들어지기 위해서는 상승기류가 필요하므로 우박은 주로 적운형 구름에서 발생한다.

학생 C   우리나라에서 황사는 주로 여름철에 나타나. (X)

우리나라에서 황사는 주로 봄철에 나타난다.

〈기출문항에서 가져가야 할 부분〉

1. 천둥과 번개는 주로 적운형 구름에서 나타난다.

27 정답 : ②

〈문항의 발문 해석하기〉

그림은 어느 중위도 해역에서 A 시기와 B 시기에 각각 측정한 깊이 0 ~ 50m의 해수 특성을 수온–염분도에 나타낸 것이다.

▶ 깊이에 관한 자료가 주어졌으므로 깊이 0m에 주의해서 자료를 해석하는 문항이다.

〈문항의 자료 해석하기〉

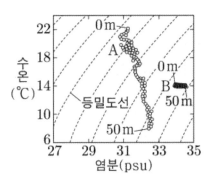

깊이 0m에서 수온 즉, 표층 수온은 A에서가 B에서보다 높으므로 A 시기는 여름철이고, B 시기는 겨울철이라고 판단할 수 있다.

〈선지 판단하기〉

ㄱ 선지 수온만을 고려할 때, 해수면에서 산소 기체의 용해도는 A가 B보다 크다. (X)

수온만을 고려할 때, 기체 용해도는 수온에 반비례하므로 수온만을 고려할 때, 해수면(0m)에서 산소 기체의 용해도는 A가 B보다 작다고 판단할 수 있다.

ㄴ 선지 수온이 14℃인 해수의 밀도는 A가 B보다 작다. (O)

A 시기에 수온 14℃에서 염분은 약 32psu이고, B 시기에 수온 14℃에서 염분은 약 34psu이므로 수온이 14℃인 해수의 밀도는 A가 B보다 작다.
(등밀도선의 밀도는 오른쪽 아래 방향으로 갈수록 증가한다.)

ㄷ 선지 혼합층의 두께는 A가 B보다 두껍다. (X)

혼합층은 깊이가 깊어질 때 수온이 일정한 층이므로 혼합층의 두께는 B가 A보다 두껍다.

〈기출문항에서 가져가야 할 부분〉

1. 지구과학I에서 기체 용해도는 수온에 반비례한다고 생각하면 된다.

2. 혼합층이 두꺼울수록 혼합층이 잘 발달했다고 하며 혼합층이 잘 발달하기 위한 조건은 표층에서 부는 바람의 세기가 강해야 한다.

28 정답 : ③

〈문항의 발문 해석하기〉

그림은 온대 저기압 중심이 북반구 어느 관측소의 북쪽을 통과하는 36시간 동안 관측한 기상 요소를 나타낸 것이다. 이 기간 동안 온난 전선과 한랭 전선이 모두 이 관측소를 통과하였다.

▶ 자료에 나온 물리량 기압, 기온, 풍향의 변화를 보고서 선지에 물음에 대하여 판단해야 하는 문항이다.

〈문항의 자료 해석하기〉

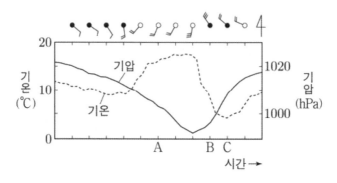

북반구에 위치한 관측소를 온난 전선과 한랭 전선이 모두 통과했으므로 관측소는 저기압 중심 진행 방향의 남쪽에 위치했다고 판단할 수 있다.

〈선지 판단하기〉

ㄱ 선지 기압이 가장 낮게 관측되었을 때 남풍 계열의 바람이 불었다. (O)

  기압이 가장 낮게 관측되었을 때 남풍 계열의 바람이 불었다고 판단할 수 있다.

ㄴ 선지 A일 때 관측소의 상공에는 온난 전선면이 나타난다. (X)

  A일 때는 온난 전선이 통과한 후이므로 A일 때 관측소의 상공에는 온난 전선면이 나타나지 않는다.

ㄷ 선지 관측소에서 B와 C 사이에는 주로 적운형 구름이 관측된다. (O)

  B와 C일 때 관측소에서는 북서풍 계열 바람이 불고 있으므로 관측소에서 B와 C 사이에는 주로 적운형 구름이 관측된다고 판단할 수 있다.

〈기출문항에서 가져가야 할 부분〉

1. 저기압이 관측소에 가까워졌다가 멀어지면서 기압의 변화는 대략 V자 형태이다.

29 정답 : ③

〈문항의 발문 해석하기〉

그림은 대기에 의한 남북방향으로의 연평균 에너지 수송량을 위도별로 나타낸 것이다.

▶ 에너지가 어떤 방향으로 이동하는지를 파악하여 선지를 판단하는 문항이다.

〈문항의 자료 해석하기〉

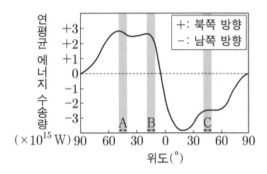

A와 B는 북쪽으로 에너지가 이동하므로 A와 B가 위치한 지역은 북반구, C가 위치한 지역은 남반구라고 판단할 수 있다.

〈선지 판단하기〉

ㄱ 선지 A에서는 대기 대순환의 간접 순환이 위치한다. (O)

   A는 위도 30 ~ 60°사이에 위치하므로 A는 간접 순환인 페렐 순환이 위치한다고 판단할 수 있다.

ㄴ 선지 B에서는 해들리 순환에 의해 에너지가 북쪽 방향으로 수송된다. (O)

   B의 위도는 0 ~ 30°이므로 해들리 순환이 위치하는 지역이다. 또한, B에서 연평균 에너지 수송량은 양(+)의 값을 가지므로 B에서는 해들리 순환에 의해 에너지가 북쪽으로 수송된다고 판단할 수 있다.

ㄷ 선지 캘리포니아 해류는 C의 해역에서 나타난다. (X)

   캘리포니아 해류는 북반구 위도 0 ~ 30°사이에 위치하고, 대기에 의해 남쪽 방향으로 에너지가 이동하는 C의 해역에서는 캘리포니아 해류가 나타날 수 없다.

〈기출문항에서 가져가야 할 부분〉

1. 적도 부근을 기준으로 북반구에서는 북쪽 방향으로 열에너지의 수송이 나타나고, 남반구에서는 남쪽 방향으로 열에너지의 수송이 나타난다.

30 정답 : ④

〈문항의 발문 해석하기〉

그림은 태풍의 영향을 받은 우리나라 어느 관측소에서 24시간 동안 관측한 시간에 따른 기압, 풍향, 시간당 강수량을 순서 없이 나타낸 것이다. 이 기간 동안 태풍의 눈이 관측소를 통과하였다.

▶ 자료에 나온 풍향, 풍속, 강수량, 기압의 변화를 해석하고, 태풍의 눈이 관측소를 통과한 것 또한 고려 선지를 판단하는 문항이다.

〈문항의 자료 해석하기〉

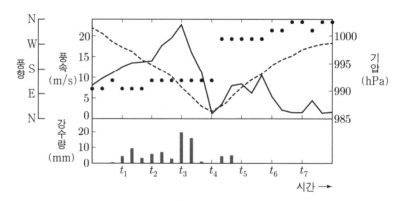

저기압이 이동하면서 기압의 변화는 V자 형태로 변화하고, 태풍의 눈이 관측소를 통과하였으므로 풍속은 M자 형태로 변화할 것이다. 따라서 나머지 물리량은 각각 강수량과 풍향의 변화이다.

〈선지 판단하기〉

ㄱ 선지 관측소에서 풍속이 가장 강하게 나타난 시각은 t_3이다. (O)

　　　　관측소에서 풍속이 가장 강하게 나타난 시각은 t_3라고 판단할 수 있다.

ㄴ 선지 관측소에서 태풍의 눈이 통과하기 전에는 서풍 계열의 바람이 불었다. (X)

　　　　관측소에서 태풍의 눈이 통과한 시각은 t_4이므로 관측소에서 태풍의 눈이 통과하기 전에는 동풍 계열 바람이 불었다.

ㄷ 선지 관측소에서 공기의 연직 운동은 t_3이 t_4보다 활발하다. (O)

　　　　태풍의 눈에서 공기의 연직 운동은 태풍의 눈 주변보다 약하다. 따라서 관측소에서 공기의 연직 운동은 t_3이 t_4보다 활발하다고 판단할 수 있다.

〈기출문항에서 가져가야 할 부분〉

1. 태풍의 눈에서는 바람이 거의 불지 않고 약한 하강 기류가 나타나지만, 기압은 태풍의 눈에서 가장 낮다.

31 정답 : ⑤

〈문항의 발문 해석하기〉

그림 (가)는 동태평양 적도 해역과 서태평양 적도 해역의 시간에 따른 해면 기압 편차를, (나)는 (가)의 A와 B 중 한 시기의 태평양 적도 해역의 깊이에 따른 수온 편차를 나타낸 것이다. A와 B는 각각 엘니뇨 시기와 라니냐 시기 중 하나이고, 편차는 (관측값 – 평년값)이다.

▶ 동태평양과 서태평양에서 해면 기압 편차를 통해서 A와 B 시기가 엘니뇨 시기인지 라니냐 시기인지 해석하여 선지를 판단하는 문항이다.

〈문항의 자료 해석하기〉

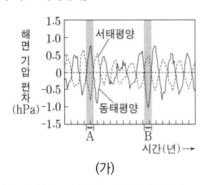

(가)

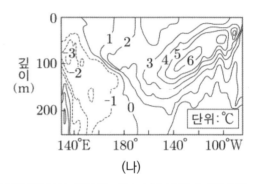

(나)

동태평양의 해면 기압의 편차가 양(+)인 A 시기는 라니냐 시기이고, 음(–)인 B 시기는 엘니뇨 시기라고 판단할 수 있다.

동태평양에서 깊이에 따른 수온 편차가 양(+)의 값을 가지므로 (나)는 B(엘니뇨) 시기라고 할 수 있다.

〈선지 판단하기〉

ㄱ 선지 (나)는 B에 측정한 것이다. (O)

(나)는 B(엘니뇨) 시기에 측정한 깊이에 따른 수온 편차 자료이다.

ㄴ 선지 적도 부근에서 (서태평양 평균 표층 수온 편차 – 동태평양 평균 표층 수온 편차) 값은 A가 B보다 크다. (O)

서태평양에서 평균 표층 수온 편차는 엘니뇨와 라니냐 시기에 각각 음(–), 양(+)이고, 동태평양에서 평균 표층 수온 편차는 엘니뇨와 라니냐 시기에 각각 양(+), 음(–)이므로 적도 부근에서 (서태평양 평균 표층 수온 편차 – 동태평양 평균 표층 수온 편차) 값은 A(라니냐)가 B(엘니뇨)보다 크다고 판단할 수 있다.

구분	서태평양 평균 표층 수온 편차	동태평양 평균 표층 수온 편차
라니냐	+	–
엘니뇨	–	+

ㄷ 선지 적도 부근에서 $\dfrac{\text{동태평양 평균 해면 기압}}{\text{서태평양 평균 해면 기압}}$ 은 A가 B보다 크다. (O)

서태평양에서 평균 해면 기압은 엘니뇨와 라니냐 시기에 각각 고기압, 저기압이고, 동태평양에서 평균 표층 수온 편차는 엘니뇨와 라니냐 시기에 각각 저기압, 고기압이므로 적도 부근에서 $\dfrac{\text{동태평양 평균 해면 기압}}{\text{서태평양 평균 해면 기압}}$ 은 A(라니냐)가 B(엘니뇨)보다 크다고 판단할 수 있다.

라니냐	VS	엘니뇨
↑	동태평양 평균 해면 기압	↓
↓	서태평양 평균 해면 기압	↑

〈기출문항에서 가져가야 할 부분〉

1. 특정 물리량의 변화에 대하여 엘니뇨 시기, 라니냐 시기 상관없이 동태평양과 서태평양에서 변화는 서로 반대 방향으로 나타난다. (한쪽의 변화가 증가하면 나머지 한쪽의 변화는 감소한다.)

32 정답 : ③

〈문항의 발문 해석하기〉

그림 (가)는 지구의 공전 궤도를, (나)는 지구 자전축 경사각의 변화를 나타낸 것이다. 지구 자전축 세차 운동의 방향은 지구 공전 방향과 반대이고 주기는 약 26000년이다.

▶지구의 기후 변화 요인 중에서 지구 외적 요인들의 변화를 해석해서 선지를 판단하는 문항이다.

〈문항의 자료 해석하기〉

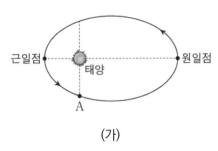

(가)

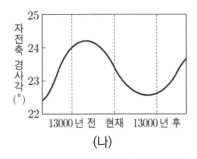

(나)

현재 지구가 근일점에 위치할 때 북반구의 계절은 겨울이고, 원일점에 위치할 때 북반구의 계절은 여름인 것을 알고 있어야 한다.

북반구, 남반구 상관없이 자전축 경사각의 크기가 커질수록 기온의 연교차는 증가하고, 경사각의 크기가 작아질수록 기온의 연교차는 감소한다고 알고 있어야 한다.

또한, 지구 자전축 세차 운동의 방향은 지구 공전 방향과 반대이고, 주기는 약 26000년인 것을 주의하여 선지를 판단해야 한다.

〈선지 판단하기〉

ㄱ 선지 약 6500년 전 지구가 A 부근에 있을 때 북반구는 겨울철이다. (O)

약 6500년 전 지구의 자전축 방향은 반시계방향으로 $90°$ 회전한 상태이므로 약 6500년 전 지구가 A 부근에 있을 때 북반구는 겨울철이라고 판단할 수 있다.

ㄴ 선지 $35°N$에서 기온의 연교차는 약 6500년 전이 현재보다 작다. (X)

약 6500년 전 자전축 경사각은 현재보다 크기 때문에 기온의 연교차는 약 6500년 전이 현재보다 크다.

ㄷ 선지 $35°S$에서 여름철 평균 기온은 약 13000년 후가 현재보다 낮다. (O)

약 13000년 후 자전축 경사각은 현재보다 작으므로 13000년 후 기온의 연교차는 감소한다. 따라서 $35°S$에서 여름철 평균 기온은 현재보다 13000년 후가 낮다고 판단할 수 있다.

〈기출문항에서 가져가야 할 부분〉

1. 기온의 연교차가 증가하면 여름철의 평균 기온은 증가하고, 겨울철의 평균 기온은 감소해야 기온의 연교차가 증가한다.

2. 기온의 연교차가 감소하면 여름철의 평균 기온은 감소하고, 겨울철의 평균 기온은 증가해야 기온의 연교차가 증가한다.

3. 계절의 평균 기온과 태양의 남중 고도를 연관 지어 생각할 수 있다.

33 정답 : ⑤

〈문항의 발문 해석하기〉

(가)는 1850 ~ 2019년 동안 전 지구와 아시아의 기온 편차(관측값-기준값)를, (나)는 (가)의 A 기간 동안 대기 중 CO_2 농도를 나타낸 것이다.

► 전 지구과 아시아의 기온 편차는 과거에서 현재로 오면서 대체로 상승하였고, CO_2의 농도 또한 증가했다. 지구 온난화에 대한 개념을 생각해야 한다.

〈문항의 자료 해석하기〉

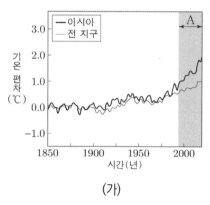

(가)

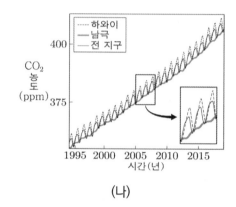

(나)

자료를 보면 알 수 있듯이 시간이 지나면서 전체적으로 상승하는 경향이 있다. 또한, 전 지구에서의 기온 편차 상승률보다 아시아에서의 기온 편차 상승률이 더 크다.

시간이 지나면서 전체적으로 상승하는 경향이 있다. CO_2의 농도 편차는 하와이에서 가장 크고 그 다음 남극, 전 지구 순서다.

〈선지 판단하기〉

ㄱ 선지 (가) 기간 동안 기온의 평균 상승률은 아시아가 전 지구보다 크다. (O)

　　　 (가) 자료에서 알 수 있듯이 아시아의 기온 상승률이 더 크다.

ㄴ 선지 (나)에서 CO_2 농도의 연교차는 하와이가 남극보다 크다. (O)

　　　 CO_2의 농도 편차는 하와이에서 가장 크게 나타나고 있다.

ㄷ 선지 A 기간 동안 전 지구의 기온과 CO_2 농도는 높아지는 경향이 있다. (O)

　　　 (가) 자료에서 그래프가 점점 상승하고 있으므로 CO_2의 농도는 높아지는 경향이 있다.

〈기출문항에서 가져가야 할 부분〉

1. 현재 지구는 지구 온난화 현상으로 대체로 기온이 상승함을 이해하기

2. CO_2 농도는 대체로 북반구가 겨울인 11월~2월에 가장 높고 북반구가 여름인 6월~8월에 가장 낮아진 다는 사실 기억하기

34 정답 : ②

〈문항의 발문 해석하기〉

그림 (가)는 어느 날 18시의 지상 일기도에 태풍의 이동 경로를 나타낸 것이고, (나)는 이 시기에 태풍에 의해 발생한 강수량 분포를 나타낸 것이다.

▶ 태풍(열대 저기압)의 특징에 대해서 생각해야 하고, 태풍이 우리나라로 접근할 때의 변화에 대해서 파악할 수 있어야 한다.

〈문항의 자료 해석하기〉

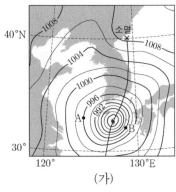

(가)

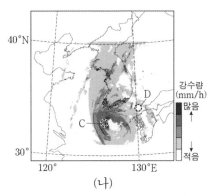

(나)

(가) 자료에서 A 관측지역은 태풍 중심 진행 방향에 왼쪽에 위치하므로 안전반원에 위치하고, 풍향의 변화는 반시계 방향이다. B 관측지역은 태풍 중심 진행 방향에 오른쪽에 위치하므로 위험반원에 위치하고, 풍향의 변화는 시계 방향이다.

(나) 자료에서 어둡게 표현될수록 강수량이 많고, 밝게 표시될수록 강수량이 적으므로 C 지역의 강수량은 D 지역의 강수량보다 많다.

〈선지 판단하기〉

ㄱ 선지 풍속은 A 지점이 B 지점보다 크다. (X)

풍속은 등압선이 조밀할수록 크므로 A 지점의 풍속은 B 지점의 풍속보다 작다.

(태풍의 중심 근처에 가까워질수록 풍속은 세진다.)

ㄴ 선지 공기의 연직 운동은 C 지점이 D 지점보다 활발하다. (O)

강수량이 많은 C 지점은 구름이 두껍게 혹은 많이 발달했을 것이다. 구름이 많은 지역은 상승 기류가 많이 발생하므로 C 지점에서 공기의 연직 운동이 D 지역에서 공기의 연직 운동보다 활발하다고 할 수 있다.

ㄷ 선지 C 지점에서는 남풍 계열의 바람이 분다. (X)

북반구에서의 저기압은 바람이 반시계 방향으로 불어 들어가므로 C 지점에서는 북풍 계열의 바람이 불 것이다.

〈기출문항에서 가져가야 할 부분〉

1. 등압선의 간격이 좁을수록 기압 차이가 크므로 바람이 강함을 알기

2. 북반구, 남반구의 고기압, 저기압에서의 풍향 이해하기

3. 태풍의 안전반원과 위험반원의 차이점에 대해서 이해하기

35 정답 : ③

〈문항의 발문 해석하기〉

그림은 어느 온대 저기압이 우리나라를 지나는 3시간($T_1 \to T_4$)동안 전선 주변에서 발생한 번개의 분포를 1시간 간격으로 나타낸 것이다. 이 기간 동안 온난 전선과 한랭 전선 중 하나가 A 지역을 통과하였다.

► ($T_1 \to T_4$)동안 통과한 전선을 파악할 수 있어야 한다. 주로 악기상 중 하나인 뇌우에서 천둥과 번개를 동반하므로 뇌우에 대한 이해가 있어야 한다.

〈문항의 자료 해석하기〉

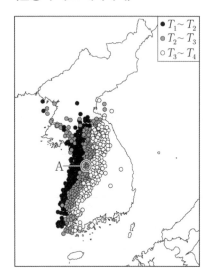

번개는 주로 적운형 구름에서 발생한다. 따라서 이 지역에서 번개의 발생빈도가 높다면 한랭 전선이 통과했다고 파악할 수 있다. 또한 시기마다 번개의 발생 분포를 보면 우리나라를 통과하는 온대 저기압에 존재하는 온난 전선의 모양보다는 한랭 전선의 모양과 유사하다고 판단할 수 있다.

〈선지 판단하기〉

ㄱ 선지 이 기간 중 A의 상공에는 전선면이 나타난다. (O)

전선면은 성질이 다른 두 기단이 만날 때 두 기단의 공기가 바로 섞이지 않고 대치하면서 만들어지는 면으로 전선면은 찬 공기 쪽으로 기울어져 있다. 따라서 한랭 전선면은 한랭 전선의 후면 쪽으로 기울어져 있다. 이 지역은 한랭 전선이 통과하고 있으므로 A의 상공에서는 전선면이 나타난다.

ㄴ 선지 $T_2 \sim T_3$ 동안 A에서는 적운형 구름이 발달하였다. (O)

$T_2 \sim T_3$ 동안 뇌우에 의한 번개가 발생하고 있으므로 A에서는 적운형 구름이 발달한다.

ㄷ 선지 전선이 통과하는 동안 A의 풍향은 시계 반대 방향으로 바뀌었다. (X)

북반구에서 전선이 통과하기 위해서는 온대 저기압 중심보다 저위도 쪽에 위치해야 한다. A 지역은 온대 저기압 중심의 아래 부근에 위치하므로 A에서 풍향은 시계 방향으로 변한다.

〈기출문항에서 가져가야 할 부분〉

1. 온대 저기압이 통과하는 동안 온대 저기압 중심의 아래 지역과 윗 지역의 풍향 변화 암기하기

2. 온대 저기압의 구조와 전선면에 대한 개념 이해하기

3. 뇌우가 발생하는 조건 암기하기

36 정답 : ①

그림 (가)는 북대서양의 해역 A와 B의 위치를, (나)는 (다)는 A와 B에서 같은 시기에 측정한 물리량을 순서 없이 나타낸 것이다. ㉠과 ㉡은 각각 수온과 용존 산소량 중 하나이다.

▶ 각 자료를 판단해서 해당하는 자료에 대입시켜야 한다. 해수에서 수온과 용존 산소량이 어떤 식으로 작용하는지에 대한 생각을 해야 한다.

〈문항의 자료 해석하기〉

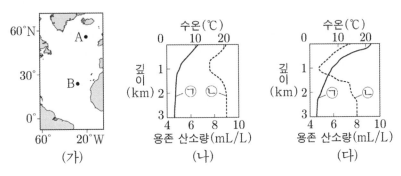

(가)   (나)   (다)

1. B 지역보다 A 지역이 고위도에 위치한다. 지구에서 표층 수온은 위도에 반비례하는 경향이 있으므로 각 지역에서 표층 수온은 A가 B보다 높다.

   (깊이, 고도 등의 자료가 나온 문항에서는 깊이 0m 고도 0m에서 판단하는 것이 가장 빠르고 실수를 줄일 수 있다.)

2. 해양에서 깊이가 깊어질수록 수온은 감소하므로 ㉠이 수온, ㉡이 용존 산소량이다.

   (용존 산소량이 깊이가 깊어질수록 감소하다가 갑자기 증가하는 이유는 심층수의 침강에 의한 것이다.)

   따라서 깊이 0m에서 판단하면 (나) 자료는 A 지역, (다) 자료는 B 지역이다.

〈선지 판단하기〉

ㄱ 선지 (나)는 A에 해당한다. (O)

       고위도인 A는 표층 수온이 더 낮으므로 (나)에 해당한다.

ㄴ 선지 표층에서 용존 산소량은 A가 B보다 작다. (X)

       0m에서 각 지역의 용존 산소량을 비교한다면

       A 지역 표층에서 용존 산소량 $\cong 9$ 〉 B 지역 표층에서 용존 산소량 $\cong 7$이므로 B가 더 작다.

       (물리량이 3개 이상 나오는 그래프 자료에서는 축을 잘 확인하자.)

ㄷ 선지 수온 약층은 A가 B보다 뚜렷하게 나타난다. (X)

       수온약층의 정의는 "깊이가 깊어질수록 수온이 많이 변하는 해수층"이다. 따라서 자료를 보면 B가 A보다 잘 발달한 것을 알 수 있다.

〈기출문항에서 가져가야 할 부분〉

1. 혼합층, 수온약층, 심해층에 대한 개념을 암기

2. 깊이에 따른 용존기체의 함량 변화 암기

37 정답 : ④

그림 (가)와 (나)는 어느 해역 수온과 염분 분포를 각각 나타낸 것이고, (나)는 수온-염분도이다. A, B, C는 수온과 염분이 서로 다른 해수이고, ㉠, ㉡은 이 해역의 서로 다른 수괴이다.

▶수온-염분도에 나와 있는 그래프를 해석할 수 있어야 한다. 또한, 수온과 염분의 특징에 대해서 이해해야 한다.

〈문항의 자료 해석하기〉

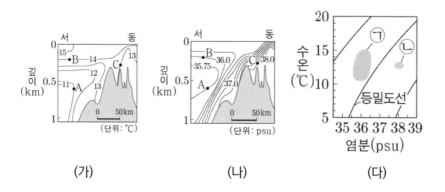

(가)	(나)	(다)

(가)와 (나) 자료를 보고 (다) 자료에 대입시킬 수 있어야 한다. ㉠은 수온과 염분을 비교해 봤을 때 B에 해당한다. 또한 ㉡은 C에 해당한다. 남은 A도 위 그래프에 대입시켜보자.

〈선지 판단하기〉

ㄱ 선지 B는 ㉡에 해당한다. (X)

B는 ㉠에 해당한다.

ㄴ 선지 A와 B의 수온에 의한 밀도 차는 A와 B의 염분에 의한 밀도 차보다 크다. (O)

A와 B의 염분은 거의 같다. 그러나 수온이 많이 차이나므로 수온에 의한 밀도 차는 염분에 의한 밀도 차보다 크다.

ㄷ 선지 C의 수괴가 서쪽으로 이동하면, C의 수괴는 B의 수괴 아래쪽으로 이동한다. (O)

A, B, C 중에서 C의 밀도가 가장 크므로 B의 밑으로 이동한다.

〈기출문항에서 가져가야 할 부분〉

1. 수온-염분도 이해하기
2. "~에 의한 영향보다 ~에 의한 영향이 더 크다/작다."라는 선지가 나온다면 변화량 확인하기

38 정답 : ①

〈문항의 발문 해석하기〉

그림은 1월과 7월의 지표 부근의 평년 바람 분포 중 하나를 나타낸 것이다. A, B, C는 주요 표층 해류가 흐르는 해역이다.

► 1월과 7월 중 어느 계절인지 파악할 수 있어야 한다. 또한 전 세계에 분포하는 주요 표층 해류를 암기하고 있어야 한다.

〈문항의 자료 해석하기〉

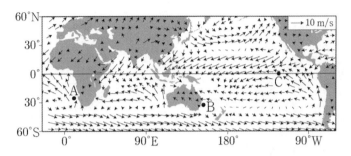

1. 세계 지도에서 우리나라를 보면 북서쪽에서 바람이 지속해서 불어오고 있으므로 우리나라가 시베리아 고기압의 영향을 받는 시기라고 할 수 있다. 따라서 이 그림은 1월이다.

2. A 해류는 고위도에서 저위도로 이동하므로 한류, B 해류는 당장 파악하기 힘들다. 나중에 선지에서 물어보면 판단하자. C 해류는 적도 해류라고 생각할 수 있을 것 같다. (적도 반류는 5°N 부근)

〈선지 판단하기〉

ㄱ 선지 이 평년 바람 분포는 1월에 해당한다. (O)

이 자료는 1월에 해당한다.

ㄴ 선지 A와 B의 표층 해류는 모두 고위도 방향으로 흐른다. (X)

B 해류는 동오스트레일리아 해류 부근이다. (사실 정확히 고위도로 이동하는 해류인지 정확한 판단은 힘들다) A 해류는 고위도 방향이 아니라 저위도 방향으로 이동하는 것은 확실하게 알 수 있다.

ㄷ 선지 C에서는 대기 대순환에 의해 표층 해수가 수렴한다, (X)

에크만 수송에 의해서 C 지역은 표층 해수가 발산해서 적도 용승이 나타나는 지역인 것을 알 수 있다.

(에크만 수송은 북반구는 바람 진행 방향에 오른쪽으로, 남반구는 바람 진행 방향에 왼쪽으로 표층 해수가 이동하는 것을 이용한다. 따라서 C 지역에서는 북동 무역풍과 남동 무역풍에 의해 해류가 발산하는 것을 파악할 수 있다.)

〈기출문항에서 가져가야 할 부분〉

1. 지구의 대기 대순환 암기하기

2. 지구의 표층 해류 암기하기

3. 에크만 수송 및 적도 용승 이해하기

39 정답 : ②

〈문항의 발문 해석하기〉

그림 (가)는 태평양 적도 부근 해역에서 관측한 바람의 동서 방향 풍속 편차를, (나)는 이 해역에서 A와 B 중 어느 한 시기에 관측된 $20°C$ 등수온선의 깊이 편차를 나타낸 것이다. A와 B는 각각 엘니뇨와 라니냐 시기 중 하나이고, (+)는 서풍, (-)는 동풍에 해당한다. 편차는 (관측값-평년값)이다.

▶ A, B 시기는 각각 엘니뇨, 라니냐 시기 중 하나이고, 자료에서 "(+)는 서풍, (-)는 동풍에 해당한다." 라고 했다. 따라서 각각의 개념을 이해해야 한다. 또한 적도 부근에서 $20°C$ 등수온선의 깊이를 이해해야 한다.

〈문항의 자료 해석하기〉

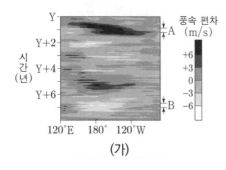

(가)

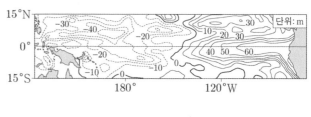

(나)

A 시기는 동태평양과 서태평양 사이에서 풍속의 편차가 (+)이므로 무역풍이 약해진 엘니뇨 시기, B 시기는 풍속 편차가 (-)이므로 무역풍이 강해진 라니냐 시기다.

$20°C$ 등수온선은 수온약층이 시작되는 깊이라고 볼 수 있다. 이때 동태평양에서 수온약층이 시작하는 깊이가 평상시보다 깊어졌으므로 (나)는 엘니뇨 시기라고 할 수 있다.

〈선지 판단하기〉

ㄱ 선지 (나)는 B에 해당한다. (X)

　　　　 (나)는 엘니뇨 시기 즉 A 시기다.

ㄴ 선지 동태평양 적도 부근 해역에서 해수면 높이는 B가 평년보다 낮다. (O)

　　　　 B는 라니냐 시기이므로 동태평양 적도 부근 해역에서 해수면 높이는 B가 평년보다 낮다.

ㄷ 선지 적도 부근의 (동태평양 해면 기압 - 서태평양 해면 기압)값은 A가 B보다 크다. (X)

	동태평양 해면 기압	서태평양 해면 기압
A 시기 (엘니뇨 시기)	↓	↑
B 시기 (라니냐 시기)	↑	↓

이므로 A가 B보다 작다.

〈기출문항에서 가져가야 할 부분〉

1. 엘니뇨, 라니냐에 대한 개념 이해하기

2. 대기 대순환에 대한 개념 이해하기

40 정답 : ③

〈문제 상황 파악하기〉

북상하는 태풍의 이동 경로를 생각할 수 있어야 한다.

〈선지 판단하기〉

ㄱ 선지 태풍 중심의 이동 방향은 ㉠이다. (O)

태풍이 무역풍대에서 편서풍대로 넘어오면서 이동 방향은 북서에서 북동으로 변한다.
따라서 태풍 중심의 이동 방향은 ㉠이다.

ㄴ 선지 태풍이 지나가는 동안 제주도에서의 풍향은 시계 방향으로 변한다. (O)

(나) 자료를 통해 제주도는 위험 반원에 위치하는 것을 알 수 있다.

ㄷ 선지 태풍 중심의 평균 이동 속력은 전향점 통과 전이 통과 후보다 빠르다. (X)

자료 해석을 통해 평균 이동 속력은 전향점 통과 전보다 통과 후가 빠르다는 것을 알 수 있다.

〈기출문항에서 가져가야 할 부분〉

1. 태풍은 북상할 때 전향점에 가까워질수록 이동 속력이 느려지다가 전향점을 지나면 이동 속력은 빨라진다.

41 정답 : ④

〈문제 상황 파악하기〉

기온 변화가 나타나는 시각은 전선이 통과한 시각을 생각할 수 있다.

〈선지 판단하기〉

ㄱ 선지 A는 ㉠이다. (X)

평균 기온을 고려할 때, 고위도에 위치한 ㉠의 기온은 더 낮아야 하므로 B이다.

ㄴ 선지 (나)에서 우리나라에는 한랭 전선이 위치한다. (O)

(나) 자료는 T+9시이다. 이때 기온은 계속해서 내려가므로 한랭 전선이 통과했다는 것을 알 수 있다.

ㄷ 선지 T + 6시에 A에는 남풍 계열의 바람이 분다. (O)

A는 ㉡에 해당하므로 T+6시에는 아직 한랭 전선이 통과하지 않았다. 따라서 남서풍이 분다.

〈기출문항에서 가져가야 할 부분〉

1. 강수 구역의 형태를 보고 전선의 종류를 판단할 수 있어야 한다.

42 정답 : ⑤

〈문제 상황 파악하기〉

태풍의 이동 경로를 통해 자료 해석을 할 수 있어야 한다.

〈선지 판단하기〉

ㄱ 선지 5일 21시에 제주는 태풍의 안전 반원에 위치한다. (O)

제주는 태풍 진행 방향의 왼쪽에 위치하므로 안전 반원에 위치한다.

ㄴ 선지 태풍의 세력은 6일 09시보다 6일 03시가 강하다. (O)

태풍의 세력은 기압이 낮을수록 강하므로 03시가 더 강하다.

ㄷ 선지 6일 15시의 태풍 강도는 '중'이다. (O)

6일 15시 태풍 풍속은 32m/s이므로 태풍 강도 '중'에 해당한다.

〈기출문항에서 가져가야 할 부분〉

1. 태풍의 세력은 태풍 중심 기압이 낮을수록 강해진다.

43 정답 : ②

〈문제 상황 파악하기〉

황사의 생성 과정에 대해서 떠올릴 수 있어야 한다.

〈선지 판단하기〉

ㄱ 선지 최근 10년 동안의 연평균 황사 일수는 서울보다 부산이 많다. (X)

자료 해석을 통해 최근 10년 동안의 연평균 황사 일수는 서울이 부산보다 많다는 것을 알 수 있다.

ㄴ 선지 발원지에서 생성된 모래 먼지가 우리나라로 이동할 때 편서풍의 영향을 받는다. (O)

발원지에서 생성된 모래 먼지가 우리나라로 이동할 때 편서풍의 영향을 받는다.

ㄷ 선지 우리나라에서 황사는 고온 다습한 기단의 영향이 우세한 계절에 주로 발생한다. (X)

모래바람은 주로 봄철에 고온 건조한 양쯔강 기단을 따라 우리나라로 다가온다. 고온 다습한 기단이 영향을 끼치는 계절은 여름이다.

〈기출문항에서 가져가야 할 부분〉

1. 황사는 주로 봄철에 양쯔강 기단이 발달할 때 발생한다.

44 정답 : ⑤

〈문제 상황 파악하기〉

일기도와 적외 영상을 통해 위치에 따른 일기 변화를 이해할 수 있어야 한다.

〈선지 판단하기〉

ㄱ 선지 A 지역의 상공에는 전선면이 나타난다. (X)

　　　(가) 자료에서 우리나라에 정체 전선이 나타난다. 북반구 정체 전선의 전선면은 전선의 북쪽에 위치한다.

ㄴ 선지 구름의 최상부 높이는 C 지역이 B 지역보다 높다. (O)

　　　적외 영상에서는 밝게 보일수록 구름 최상부의 높이가 높다.

ㄷ 선지 ⊙은 북태평양 고기압이다. (O)

　　　여름철 우리나라에 영향을 끼치는 고기압은 북태평양 고기압이다.

〈기출문항에서 가져가야 할 부분〉

1. 북반구 정체 전선의 전선면은 전선의 북쪽에, 남반구 정체 전선의 전선면은 전선의 남쪽에 위치한다.

45 정답 : ④

〈문제 상황 파악하기〉

뇌우의 생성 과정을 떠올릴 수 있어야 한다.

〈선지 판단하기〉

ㄱ 선지 A는 비가 되어 내린 물의 양이다. (X)

　　　⊙은 적운 단계, ⓒ은 성숙 단계, ⓔ은 소멸 단계이다. 적운 단계에서는 뇌우로 공급되는 물의 양이 많으므로 A는 공급되는 물의 양이다.

ㄴ 선지 뇌우로 인한 강수량은 ⊙이 ⓒ보다 적다. (O)

　　　강수량은 적운 단계보다 성숙 단계에서 많다.

ㄷ 선지 ⓔ은 하강 기류가 상승 기류보다 우세하다. (O)

　　　소멸 단계에서는 하강 기류가 우세하여 뇌우는 점점 소멸한다.

〈기출문항에서 가져가야 할 부분〉

1. 뇌우의 발달 단계를 암기할 수 있어야 한다.

46 정답 : ①

〈문제 상황 파악하기〉

태풍이 통과하며 변화하는 물리량을 생각할 수 있어야 한다.

〈선지 판단하기〉

ㄱ 선지 (나)에서 기압은 4시가 11시보다 낮다. (O)

  (나) 자료에서 실선은 기압에 해당한다. 기압은 4시에 더 낮은 것을 확인할 수 있다.

ㄴ 선지 (나)는 A에서 관측한 것이다. (X)

  자료 (나)에서 풍향은 시계 방향으로 변화하고 있다. 따라서 위험 반원에 존재하는 B에서 관측한 것이다.

ㄷ 선지 태풍이 통과하는 동안 관측된 평균 풍속은 A가 B보다 크다. (X)

  평균 풍속은 위험 반원에 해당하는 B가 더 크다.

〈기출문항에서 가져가야 할 부분〉

1. 태풍이 통과하며 변화하는 물리량을 생각할 수 있어야 한다.

47 정답 : ⑤

〈문제 상황 파악하기〉

(가)는 가시 영상, (나)는 적외 영상이다.

〈선지 판단하기〉

ㄱ 선지 관측 파장은 (가)가 (나)보다 길다. (X)

  가시광선보다 적외선의 파장이 더 길다.

ㄴ 선지 비가 내릴 가능성은 A에서가 C에서보다 높다. (O)

  A는 적운형 구름이 존재하므로 비가 내릴 가능성이 높다.

ㄷ 선지 구름 최상부의 온도는 B에서가 D에서보다 높다. (O)

  적외 영상에서 밝게 보일수록 구름의 고도가 높다. 구름의 고도가 높을수록 구름 최상부의 온도는 낮다.

〈기출문항에서 가져가야 할 부분〉

1. 전자기파의 파장은 가시광선이 적외선보다 짧다.

2. (가) 자료의 우리나라 시각은 일몰 이후인 것을 이해할 수 있어야 한다.

48 정답 : ②

〈문제 상황 파악하기〉

깊이가 깊어질수록 수온은 감소한다. (가)에서 구한 수온, 염분을 (나) 자료에 표현할 수 있어야 한다.

〈선지 판단하기〉

ㄱ 선지 ㉠은 염분 분포이다. (X)

깊이가 깊어질수록 수온은 감소하므로 ㉠에 해당한다.

ㄴ 선지 혼합층의 평균 밀도는 $1.025\,\mathrm{g/cm^3}$보다 크다. (X)

혼합층의 수온과 염분은 각각 $23\,^\circ\mathrm{C}$, 33.6psu이다. 이를 자료 (나)에 표현하면 밀도는 $1.025\,\mathrm{g/cm^3}$보다 작은 것을 알 수 있다.

ㄷ 선지 깊이에 따른 해수의 밀도 변화는 A 구간이 B 구간보다 크다. (O)

수심이 깊어질수록 수온이 급격히 감소하는 A 구간은 수온약층에 해당한다. B 구간은 심해층에 해당한다. 이때, 해수의 밀도 변화는 수온약층에서 크게 나타난다.

〈기출문항에서 가져가야 할 부분〉

1. (나)와 같이 수온 염분도를 자료로 제시하면 수온과 염분을 이용해 직접 밀도를 구할 수 있어야 한다.
2. 수온약층은 수심이 깊어질수록 수온이 급격히 감소하므로 밀도가 증가한다. 밀도약층이라고도 한다.

49 정답 : ⑤

〈문제 상황 파악하기〉

각 시기의 차이점을 비교할 수 있어야 한다.

〈선지 판단하기〉

ㄱ 선지 무역풍대에서는 위도가 높아질수록 평균 해면 기압이 대체로 높아진다. (O)

자료 해석을 통해 무역풍대에서 위도가 높아질수록 기압이 높아지는 것을 알 수 있다.

ㄴ 선지 ㉠ 구간의 지표 부근에서는 북풍 계열의 바람이 우세하다. (X)

편서풍대에서는 남풍 계열의 바람이 우세하다.

ㄷ 선지 중위도 고압대의 평균 해면 기압은 A 시기가 B 시기보다 낮다. (O)

중위도 고압대는 약 $30\,^\circ$에 해당한다. 자료 해석을 통해 A 시기의 기압이 낮은 것을 알 수 있다.

〈기출문항에서 가져가야 할 부분〉

1. 북반구의 편서풍대에서는 남풍 계열의 바람이 우세하고 무역풍대에서는 북풍 계열 바람이 우세하다.

50 정답 : ②

〈문제 상황 파악하기〉

대서양의 3가지 심층 순환을 떠올릴 수 있어야 한다.

〈선지 판단하기〉

ㄱ 선지 A 해역에서는 해수의 용승이 침강보다 우세하다. (X)

그린란드 주변 해역에서는 북대서양 심층수가 침강한다.

ㄴ 선지 B 해역에서 표층 해류는 서쪽으로 흐른다. (X)

남극 주변에서는 남극 순환 해류가 흐른다. 남극 순환 해류는 편서풍을 따라 흐르므로 서쪽에서 동쪽으로 흐른다.

ㄷ 선지 해수의 밀도는 ㉠ 지점이 ㉡ 지점보다 작다. (O)

해수의 밀도는 더 깊은 곳에서 흐르는 ㉡ 지점이 더 크다.

〈기출문항에서 가져가야 할 부분〉

1. 남극 주변에서 흐르는 표층 해류인 남극 순환 해류는 편서풍을 따라 형성된다.

51 정답 : ③

〈문제 상황 파악하기〉

자료 해석을 통해 각 지점의 물리량을 구할 수 있어야 한다.

〈선지 판단하기〉

ㄱ 선지 해수면과 깊이 40m의 수온 차는 B보다 A가 크다. (O)

(나) 자료를 통해 수온 차는 A가 큰 것을 알 수 있다.

ㄴ 선지 ㉠ 방향으로 유입되는 담수의 양이 증가하면 A의 표층 염분은 33.4psu보다 커진다. (X)

담수의 유입은 표층 염분을 감소시킨다.

ㄷ 선지 표층 해수의 밀도는 C보다 A가 크다. (O)

표층 해수의 수온은 A가 낮고 염분은 높으므로 밀도는 A가 더 크다.

〈기출문항에서 가져가야 할 부분〉

1. 담수의 유입은 표층 염분을 감소시킨다.

52 정답 : ④

〈문제 상황 파악하기〉

자료 해석을 통해 각 지점의 풍향 및 풍속을 비교할 수 있어야 한다.

〈선지 판단하기〉

ㄱ 선지　A 구간의 해수면 부근에는 북서풍이 우세하다. (X)

　　　　자료 해석을 통해 남서풍이 분다는 것을 알 수 있다.

ㄴ 선지　B 구간의 해역에 흐르는 해류는 해들리 순환의 영향을 받는다. (O)

　　　　B 구간은 0° ~ 30°에 해당하므로 해들리 순환의 영향을 받는다.

ㄷ 선지　표층 수온은 A 구간의 해역보다 B 구간의 해역에서 높다. (O)

　　　　표층 수온은 저위도에서 흐르는 B 구간의 해역에서 높다.

〈기출문항에서 가져가야 할 부분〉

1. 난류가 흐르는 해역에서는 저위도 해수의 수온이 더 높다.

53 정답 : ④

〈문제 상황 파악하기〉

대서양 심층 순환의 밀도를 생각해야 한다. 남극 저층수, 북대서양 심층수, 남극 중층수 순으로 밀도는 낮아진다.

〈선지 판단하기〉

ㄱ 선지　평균 밀도는 A보다 C가 크다. (O)

　　　　A는 남극 중층수, B는 북대서양 심층수, C는 남극 저층수이다.
　　　　따라서 평균 밀도는 A보다 C가 크다.

ㄴ 선지　이 해역의 깊이 4000m인 지점에는 남극 중층수가 존재한다. (X)

　　　　C는 남극 저층수에 해당한다.

ㄷ 선지　해수의 평균 이동 속도는 0~200m보다 2000~4000m에서 느리다. (O)

　　　　해수의 평균 이동 속도는 표층에 해당하는 0~200m가 더 빠르다.

〈기출문항에서 가져가야 할 부분〉

1. 표층 해류와 심층 해류 중 이동 속도는 표층 해류에서 훨씬 빠르다.

54 정답 : ①

〈문제 상황 파악하기〉

자료 해석을 통해 풍향과 풍속을 비교할 수 있어야 한다.

〈선지 판단하기〉

ㄱ 선지 C 해역에서 표층 해류는 남쪽 방향으로 흐른다. (O)

표층 해류는 바람의 영향을 받아 형성된다. 따라서 표층 해류는 남쪽으로 흐른다.

ㄴ 선지 B 해역에는 쿠로시오 해류가 흐른다. (X)

쿠로시오 해류는 난류에 해당한다. 해당 지역에서는 고위도에서 저위도로 흐르는 한류가 흐른다.

ㄷ 선지 수온만을 고려할 때, (나)에서 표층 해수의 용존 산소량은 D 해역에서가 A 해역에서보다 많다. (X)

D가 A보다 저위도에 위치하므로 수온이 높다. 수온이 높을수록 용존 산소량은 적다.

〈기출문항에서 가져가야 할 부분〉

1. 경도와 위도를 통해 위 해역은 캘리포니아 해류가 흐르는 해역인 것을 알 수 있다.

55 정답 : ①

〈문제 상황 파악하기〉

지구의 대기 대순환 모형을 떠올릴 수 있어야 한다.

〈선지 판단하기〉

ㄱ 선지 A의 지상에는 동풍 계열의 바람이 우세하게 분다. (O)

A는 극 순환, B는 페렐 순환, C는 해들리 순환에 해당한다. 극 순환이 일어나는 곳의 지상에서는 극동풍이 분다.

ㄴ 선지 직접 순환에 해당하는 것은 B이다. (X)

페렐 순환은 해들리 순환과 극 순환 사이에서 형성된 간접 순환에 해당한다.

ㄷ 선지 남북 방향의 온도 차는 ⓒ에서가 ㉠에서보다 크다. (X)

남북 방향의 온도 차가 큰 ㉠에서 전선이 만들어진다.

〈기출문항에서 가져가야 할 부분〉

1. 대류권 계면이란 성층권과 대류권의 경계면이다.
2. 남북 방향의 온도 차가 큰 $60°$ 는 한대 전선대이다.

56 정답 : ②

〈문제 상황 파악하기〉

연직 수온 분포 자료를 통해 혼합층, 수온 약층, 심해층을 구분할 수 있어야 한다.

〈선지 판단하기〉

ㄱ 선지 (나)는 B의 측정 자료이다. (X)

　　　(나)는 수심이 얕은 A에서 측정한 것이다.

ㄴ 선지 수온 약층은 (다)가 (나)보다 뚜렷하다. (O)

　　　수온 약층은 수온이 급격히 변화하는 층이다. 수온 변화는 (다)에서 뚜렷하게 나타난다.

ㄷ 선지 (다)가 (나)보다 표층 수온이 높은 이유는 위도의 영향 때문이다. (X)

　　　B는 더 고위도에 위치하지만, 수온이 더 높으므로 위도의 영향 때문이 아니다.

〈기출문항에서 가져가야 할 부분〉

우리나라 동해는 서해보다 수심이 깊다. 동해의 평균 수심은 약 1500m이고 서해는 약 40m이다.

57 정답 : ③

〈문제 상황 파악하기〉

탐구 과정의 주제가 해수의 성질이라는 것을 생각해야 한다.

〈선지 판단하기〉

ㄱ 선지 '두껍다'는 ㉠에 해당한다. (O)

　　　2월의 혼합층은 약 30m까지 분포한다.

ㄴ 선지 해수의 밀도는 2월의 75m 깊이에서가 8월의 50m 깊이에서보다 크다. (O)

　　　2월과 8월의 물리량을 수온–염분도에 나타내면 2월 75m의 밀도가 더 큰 것을 확인할 수 있다.

ㄷ 선지 '크다'는 ㉡에 해당한다. (X)

　　　밀도 변화는 표층 수온이 높은 8월에 크다.

〈기출문항에서 가져가야 할 부분〉

1. 우리나라 평균 풍속은 2월이 8월보다 강하므로 2월의 혼합층이 더 두껍다.

58 정답 : ⑤

〈문제 상황 파악하기〉

자료를 보고 각 해역에 흐르는 표층 해류를 떠올릴 수 있어야 한다.

〈선지 판단하기〉

ㄱ 선지 중위도 고압대는 ㉠이다. (X)

중위도 고압대는 위도 30°부근이다.

ㄴ 선지 수온만을 고려할 때, 표층에서 산소의 용해도는 A에서보다 C에서 높다. (O)

A는 난류가, C는 한류가 흐른다. 산소의 용해도는 수온에 반비례하므로 A에서보다 C에서 높다.

ㄷ 선지 B에 흐르는 해류는 편서풍의 영향으로 형성된다. (O)

B에 흐르는 해류는 북태평양 해류이다. 이는 편서풍의 영향으로 형성된다.

〈기출문항에서 가져가야 할 부분〉

1. 각 해역에 흐르는 표층 해류를 떠올릴 수 있어야 한다.

59 정답 : ④

〈문제 상황 파악하기〉

남대서양에서 침강하는 A, B는 각각 남극 중층수, 남극 저층수이다. 따라서 C는 북대서양 심층수이다.

〈선지 판단하기〉

ㄱ 선지 A가 표층에서 침강하는 데 미치는 영향은 염분이 수온보다 크다. (X)

남극 중층수의 형성 원인은 수온이 감소하여 형성된다.

ㄴ 선지 B는 북반구 해역의 심층에 도달한다. (O)

남극 저층수는 북반구 30°N까지 흐른다.

ㄷ 선지 A, B, C는 모두 저위도와 고위도의 에너지 불균형을 줄이는 역할을 한다. (O)

심층 순환은 표층 순환과 연결되어 저위도와 고위도의 에너지 불균형을 줄이는 역할을 한다.

〈기출문항에서 가져가야 할 부분〉

1. 각 심층 순환의 형성 원인을 암기해야 한다.
2. 심층 순환은 저위도와 고위도의 에너지 불균형을 줄이는 역할을 한다.

60 정답 : ④

〈문제 상황 파악하기〉

엘니뇨 시기에 중앙 태평양에서 적외선 복사 에너지는 감소한다.

〈선지 판단하기〉

ㄱ 선지 서태평양에 위치한다. (X)

엘니뇨 시기에 중앙 태평양에 상승 기류가 우세해지므로 더 높은 고도에 구름이 형성된다. 따라서 온도가 낮아지므로 복사 에너지는 줄어든다.

ㄴ 선지 강수량은 적외선 방출 복사 에너지 편차가 (+)일 때가 (−)일 때보다 대체로 적다. (O)

적외선 방출 복사 에너지 편차가 (+)가 되면 평소보다 구름의 고도가 낮아져 강수량은 적어진다.

ㄷ 선지 평균 해면 기압은 엘니뇨 시기가 평년보다 낮다. (O)

엘니뇨 시기에 중앙 태평양은 상승 기류가 발생하므로 기압은 낮다.

〈기출문항에서 가져가야 할 부분〉

1. 구름의 고도가 높을수록 적외선 방출 복사 에너지는 감소한다.

61 정답 : ①

〈문제 상황 파악하기〉

각 시기의 지구 자전축과 이심률을 비교할 수 있어야 한다.

〈선지 판단하기〉

ㄱ 선지 우리나라에서 여름철 평균 기온은 현재가 A보다 높다. (O)

현재가 A 시기보다 자전축 경사각이 크기 때문에 여름철 기온이 높다.

ㄴ 선지 지구가 근일점에 위치할 때 하루 동안 받는 태양 복사 에너지양은 현재가 B보다 많다. (X)

이심률이 커진 B 시기일 때 근일점과 지구 사이의 거리가 가까우므로 B 시기에 받는 에너지양이 현재보다 높다.

ㄷ 선지 남반구 중위도 지역에서 기온의 연교차는 B가 C보다 크다. (X)

이심률이 같을 때, 자전축 경사각이 클수록 연교차는 커진다.

〈기출문항에서 가져가야 할 부분〉

1. 이심률과 자전축 방향이 같을 때 자전축 경사각이 클수록 연교차는 커진다.

62 정답 : ⑤

〈문제 상황 파악하기〉

엘니뇨와 라니냐 시기에 따른 기압 편차를 생각할 수 있어야 한다.

〈선지 판단하기〉

ㄱ 선지 (나)는 A 시기의 대기 순환 모습이다. (O)

A는 엘니뇨, B는 라니냐 시기이다. (나)에서 상승 기류는 타히티에서 발생하므로 엘니뇨 시기
이다.

ㄴ 선지 B 시기에 타히티 부근 해역의 강수량은 평상시보다 적다. (O)

라니냐 시기에 타히티 부근 해역의 강수량은 평상시보다 적다.

ㄷ 선지 $\dfrac{\text{다윈 부근 해역의 평균 수온}}{\text{타히티 부근 해역의 평균 수온}}$ 은 A 시기보다 B 시기에 크다. (O)

라니냐 시기에 다윈 부근의 수온은 증가하고 타히티 부근의 수온은 감소하므로 B 시기에 크다.

〈기출문항에서 가져가야 할 부분〉

1. 적도 부근에서 상승 기류의 위치를 보고 엘니뇨, 라니냐를 판단할 수 있어야 한다.

63 정답 : ④

〈문제 상황 파악하기〉

지구 온난화에 의한 이산화 탄소 배출량 증가를 떠올릴 수 있어야 한다.

〈선지 판단하기〉

ㄱ 선지 ㉠ 기간 동안 이산화 탄소 배출량의 변화율은 A보다 B에서 크다. (X)

자료 해석을 통해 이산화 탄소 배출량은 A에서 큰 것을 알 수 있다.

ㄴ 선지 2080년에 지구 표면의 평균 온도는 A보다 C에서 낮다. (O)

이산화 탄소는 온실 기체이므로 평균 온도는 A에서 높다.

ㄷ 선지 $\dfrac{\text{육지와 해양이 흡수한 이산화 탄소의 누적량}}{\text{대기 중에 남아 있는 이산화 탄소의 누적량}}$ 은 A < B < C이다. (O)

자료 해석을 통해 $\dfrac{\text{육지와 해양이 흡수한 이산화 탄소의 누적량}}{\text{대기 중에 남아 있는 이산화 탄소의 누적량}}$ 은 A < B < C 라는 것을 알 수
있다.

〈기출문항에서 가져가야 할 부분〉

1. 현재 추세라면 지구 온난화는 계속해서 가속화될 것이다.

64 정답 : ⑤

〈문제 상황 파악하기〉

시간이 지나며 지구 온난화로 인해 증가하는 지구 기온을 떠올릴 수 있어야 한다.

〈선지 판단하기〉

ㄱ 선지 지구 해수면의 평균 높이는 2000년이 1900년보다 높다. (O)

　　　　기온이 더 높은 2000년의 해수면 높이가 더 높다.

ㄴ 선지 이 기간 동안 온도의 평균 상승률은 육지가 해양보다 크다. (O)

　　　　자료 해석을 통해 육지의 평균 상승률이 큰 것을 확인할 수 있다.

ㄷ 선지 육지 온도의 평균 상승률은 1950~2020년이 1850~1950년보다 크다. (O)

　　　　1970년대 이후 육지 평균 온도는 급격히 상승한다.

〈기출문항에서 가져가야 할 부분〉

1. 최근 들어서 지구 기온 상승률은 더 증가하고 있다.

65 정답 : ⑤

〈문제 상황 파악하기〉

동태평양의 수온을 통해 (가)는 라니냐, (나)는 엘니뇨인 것을 알 수 있다.

〈선지 판단하기〉

ㄱ 선지 무역풍의 세기는 (가)가 (나)보다 강하다. (O)

　　　　무역풍의 세기는 라니냐 시기가 강하다.

ㄴ 선지 서태평양 적도 부근 해역의 해면 기압은 (나)가 (가)보다 높다. (O)

　　　　서태평양 해면 기압은 엘니뇨 시기가 높다.

ㄷ 선지 동태평양 적도 부근 해역의 용승 현상은 (가)가 (나)보다 강하다. (O)

　　　　동태평양 용승 현상은 라니냐 시기가 강하다.

〈기출문항에서 가져가야 할 부분〉

1. 엘니뇨, 라니냐의 특징을 머릿속에서 떠올릴 수 있어야 한다.

66 정답 : ③

〈문제 상황 파악하기〉

각 시나리오의 온실 기체 배출량을 보고 지구 기온을 예측할 수 있어야 한다.

〈선지 판단하기〉

ㄱ 선지 연간 온실 기체 배출량은 2015년이 2000년보다 많다. (O)

자료 해석을 통해 2015년의 배출량이 많은 것을 알 수 있다.

ㄴ 선지 C에 따르면 2100년에 지구의 평균 기온은 기준값보다 낮아질 것이다. (X)

C는 지구 평균 기온 상승을 $1.5\,°C$까지로 억제하는 시나리오이다.

ㄷ 선지 A에 따르면 2100년에 지구의 평균 기온은 기준값보다 $2\,°C$ 이상 높아질 것이다. (O)

시나리오 B가 기준값보다 $2\,°C$ 상승으로 억제하는 것이므로 A는 $2\,°C$보다 높아질 것이다.

〈기출문항에서 가져가야 할 부분〉

1. ㄴ 선지와 같은 내용을 틀리지 않도록 집중해야 한다.

67 정답 : ④

〈문제 상황 파악하기〉

동태평양의 강수량은 증가했으므로 엘니뇨 시기이다.

〈선지 판단하기〉

ㄱ 선지 우리나라의 강수량은 평년보다 많다. (O)

자료 해석을 통해 강수량은 평년보다 많아진 것을 알 수 있다.

ㄴ 선지 A 해역의 표층 수온은 평년보다 높다. (O)

엘니뇨 시기에 동태평양 표층 수온은 높아진다.

ㄷ 선지 무역풍의 세기는 평년보다 강하다. (X)

엘니뇨 시기에 무역풍의 세기는 약해진다.

〈기출문항에서 가져가야 할 부분〉

1. 엘니뇨, 라니냐에 의해 우리나라의 강수량도 변화한다.

68 정답 : ④

〈문항의 발문 해석하기〉

그림은 해수의 심층 순환을 나타낸 모식도이다. A와 B는 각각 표층 해류와 심층 해류 중 하나이다.

▶표층 해류와 심층 해류가 흐르는 위치에 대해 알 수 있어야 한다.

〈문항의 자료 해석하기〉

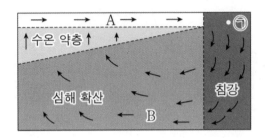

표층을 따라 흐르는 A는 표층 해류, B는 심층 해류에 해당한다.

〈선지 판단하기〉

ㄱ 선지 A에 의해 에너지가 수송된다. (O)

　　　　표층 해류에 의해 에너지가 수송된다.

ㄴ 선지 ㉠ 해역에서 해수가 침강하여 심해층에 산소를 공급한다. (O)

　　　　심층 순환은 심해층에 산소를 공급해주는 역할을 한다.

ㄷ 선지 평균 이동 속력은 A가 B보다 느리다. (X)

　　　　평균 이동 속력은 표층 해류가 더 빠르다.

〈기출문항에서 가져가야 할 부분〉

1. 표층 해류와 심층 해류의 평균 이동 속력 암기

69 정답 : ②

〈문항의 발문 해석하기〉

그림은 위도에 따른 연평균 증발량과 강수량을 순서 없이 나타낸 것이다.

► 적도, 30°, 60°, 극에서 나타나는 기압 분포를 떠올릴 수 있어야 한다.

〈문항의 자료 해석하기〉

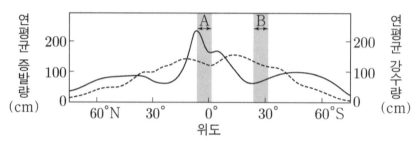

실선은 강수량, 점선은 증발량에 해당한다.

〈선지 판단하기〉

ㄱ 선지 표층 해수의 평균 염분은 A 해역이 B 해역보다 높다. (X)

　　　　 적도 부근의 염분은 30° 부근의 염분보다 낮다.

ㄴ 선지 A에서는 해들리 순환의 상승 기류가 나타난다. (O)

　　　　 적도 부근에서는 해들리 순환의 상승 기류가 나타난다.

ㄷ 선지 캘리포니아 해류는 B 해역에서 나타난다. (X)

　　　　 캘리포니아 해류는 북반구 아열대 순환의 한 종류이다. B 해역은 남반구이다.

〈기출문항에서 가져가야 할 부분〉

1. 해류가 흐르는 반구 암기

70 정답 : ②

〈문항의 발문 해석하기〉

그림은 1940~2003년 동안 지구 평균 기온 편차(관측값 - 기준값)와 대규모 화산 분출 시기를 나타낸 것이다. 기준값은 1940년의 평균 기온이다.

► 화산이 분출하면 지구 평균 기온은 일시적으로 감소한다.

〈문항의 자료 해석하기〉

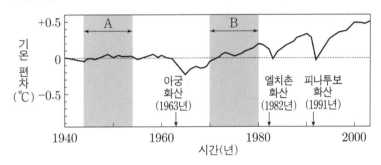

화산이 터지면 화산재에 의해 기온이 일시적으로 감소하는 것을 알 수 있다.

〈선지 판단하기〉

ㄱ 선지 기온의 평균 상승률은 A 시기가 B 시기보다 크다. (X)

　　　　자료 해석을 통해 B 시기의 기온 상승이 큰 것을 알 수 있다.

ㄴ 선지 화산 활동은 기후 변화를 일으키는 지구 내적 요인에 해당한다. (O)

　　　　화산 활동은 기후 변화를 일으키는 지구 내적 요인에 해당한다.

ㄷ 선지 성층권에 도달한 다량의 화산 분출물은 지구 평균 기온을 높이는 역할을 한다. (X)

　　　　화산 분출물은 태양 복사 에너지를 반사해 지구 평균 기온을 낮추는 역할을 한다.

〈기출문항에서 가져가야 할 부분〉

1. 화산 분출 시 지구 평균 기온 일시적 감소 암기

71 정답 : ①

〈문항의 발문 해석하기〉

그림은 어느 해역에서 A 시기와 B 시기에 각각 측정한 깊이 0 ~ 200m의 해수 특성을 수온-염분도에 나타낸 것이다.

▶ 깊이에 따른 수온, 염분 변화를 통해 해수의 연직 구조를 해석할 수 있어야 한다.

〈문항의 자료 해석하기〉

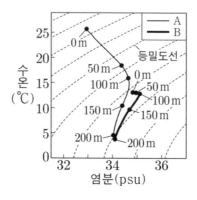

A는 혼합층이 거의 존재하지 않고, B는 0~100m까지 혼합층이 존재하는 것을 알 수 있다.

〈선지 판단하기〉

ㄱ 선지   A 시기에 깊이가 증가할수록 해수의 밀도는 증가한다. (O)

   자료 해석을 통해 밀도가 증가하는 것을 알 수 있다.

ㄴ 선지   수온만을 고려할 때, 표층에서 산소 기체의 용해도는 A 시기가 B 시기보다 크다. (X)

   표층의 온도는 A가 더 높다. 기체의 용해도는 수온과 반비례하므로 B 시기의 용해도가 크다.

ㄷ 선지   혼합층의 두께는 A 시기가 B 시기보다 두껍다. (X)

   A 시기의 혼합층은 거의 발달하지 않는다.

〈기출문항에서 가져가야 할 부분〉

1. 깊이에 따른 수온, 염분 변화를 통한 연직 구조 해석 방법 암기

72 정답 : ④

〈문항의 발문 해석하기〉

그림은 어느 날 t_1 시각의 지상 일기도에서 온대 저기압 중심의 이동 경로를, 표는 이 날 관측소 A에서 t_1, t_2 시각에 관측한 기상 요소를 나타낸 것이다. t_2 는 전선 통과 3시간 후이며, $t_1 \rightarrow t_2$ 동안 온난 전선과 한랭 전선 중 하나가 A를 통과하였다.

▶ 통과한 전선의 종류를 자료를 통해 찾을 수 있어야 한다.

〈문항의 자료 해석하기〉

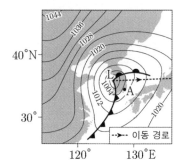

시각	기온 (℃)	바람	강수
t_1	17.1	남서풍	없음
t_2	12.5	북서풍	있음

A는 온대 저기압 중심 아래에 위치한 관측소이다. 이때, 시계 방향으로 풍향이 변하므로 시각은 $t_1 \rightarrow t_2$ 순서이다. 따라서 한랭 전선이 A를 통과했다.

〈선지 판단하기〉

ㄱ 선지 t_1일 때 A 상공에는 전선면이 나타난다. (X)

　　　　t_1일 때 A는 남서풍이 불고 있으므로 전선면이 나타나지 않는다.

ㄴ 선지 $t_1 \sim t_2$ 사이에 A에서는 적운형 구름이 관측된다. (O)

　　　　한랭 전선에 적운형 구름이 동반되므로 관측된다.

ㄷ 선지 $t_1 \rightarrow t_2$ 동안 A에서의 풍향은 시계 방향으로 변한다. (O)

　　　　북반구에서 온대 저기압의 전선이 통과하면 풍향은 시계 방향으로 변한다.

〈기출문항에서 가져가야 할 부분〉

1. 온대 저기압의 위치에 따른 전선면 유무 암기

73 정답 : ③

〈문항의 발문 해석하기〉

그림은 태풍의 영향을 받은 우리나라 어느 관측소에서 24시간 동안 관측한 표층 수온과 기상 요소를 시간에 따라 나타낸 것이다.

▶ 수온과 기압의 변화를 통해 관측소의 상황을 예측할 수 있어야 한다.

〈문항의 자료 해석하기〉

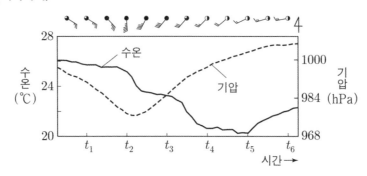

풍향은 시계 방향으로 변하므로 이 관측소는 위험 반원에 해당한다는 것을 알 수 있다.

〈선지 판단하기〉

ㄱ 선지 이 기간 동안 관측소는 태풍의 위험 반원에 위치하였다. (O)

　　　　풍향은 시계 방향으로 변하므로 이 관측소는 위험 반원에 해당한다는 것을 알 수 있다.

ㄴ 선지 관측소와 태풍 중심 사이의 거리는 t_2가 t_4보다 가깝다. (O)

　　　　기압이 가장 낮은 t_2일 때 관측소와 태풍 중심 사이 거리는 더 가깝다.

ㄷ 선지 $t_2 \rightarrow t_4$ 동안 수온 변화는 태풍에 의한 해수 침강에 의해 발생하였다. (X)

　　　　태풍에 의해 저기압성 용승이 발생하여 수온은 낮아졌다.

〈기출문항에서 가져가야 할 부분〉

1. 태풍이 통과하면 저기압성 용승에 의해 수온은 감소
2. 관측소와 태풍 중심 사이의 거리가 가까우면 기압은 감소

74 정답 : ③

〈문항의 발문 해석하기〉

그림은 엘니뇨 또는 라니냐 중 어느 한 시기에 태평양 적도 부근에서 기상 위성으로 관측한 적외선 방출 복사 에너지의 편차(관측값−평년값)를 나타낸 것이다. 적외선 방출 복사 에너지는 구름, 대기, 지표에서 방출된 에너지이다.

► 적외 영상에서 적외선 방출 복사 에너지의 값이 작을수록 온도가 낮다. 온도가 낮을수록 고도가 높다는 것을 알 수 있어야 한다.

〈문항의 자료 해석하기〉

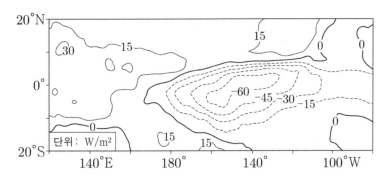

동태평양의 적외선 방출 복사 에너지 편차가 감소했으므로 구름의 고도가 평상시보다 상승한 엘니뇨 시기이다.

〈선지 판단하기〉

ㄱ 선지 서태평양 적도 부근 해역의 강수량은 평년보다 적다. (O)

　　　　엘니뇨 시기의 서태평양 적도 부근 해역의 강수량은 평년보다 적다.

ㄴ 선지 동태평양 적도 부근 해역의 용승은 평년보다 강하다. (X)

　　　　엘니뇨 시기의 동태평양 적도 부근 해역의 용승은 평년보다 약하다.

ㄷ 선지 적도 부근의 (동태평양 해면 기압 − 서태평양 해면 기압) 값은 평년보다 작다. (O)

　　　　엘니뇨 시기의 동태평양 기압은 감소하고 서태평양 기압은 증가한다.

〈기출문항에서 가져가야 할 부분〉

1. 적외 영상에서 적외선 방출 복사 에너지와 온도, 고도 관계 암기

75 정답 : ③

그림 (가)는 우리나라 어느 해역의 표층 수온과 표층 염분을, (나)는 이 해역의 혼합층 두께를 나타낸 것이다. (가)의 A와 B는 각각 표층 수온과 표층 염분 중 하나이다.

► 우리나라 주변 해역의 성질을 떠올릴 수 있어야 한다.

〈문항의 자료 해석하기〉

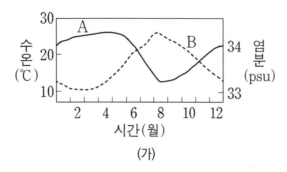

(가)

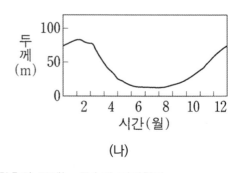

(나)

우리나라는 북반구에 위치하므로 여름인 7~8월 해수의 수온이 높다.
따라서 B는 수온, A는 염분이다.

혼합층의 두께는 풍속에 비례한다.
우리나라의 풍속은 겨울이 여름보다 크다.

〈선지 판단하기〉

ㄱ 선지 표층 해수의 밀도는 4월이 10월보다 크다. (O)

　　　　수온이 낮고 염분이 높은 4월의 밀도가 크다.

ㄴ 선지 수온 약층이 나타나기 시작하는 깊이는 1월이 7월보다 깊다. (O)

　　　　수온 약층이 나타나기 시작하는 깊이는 혼합층의 두께가 두꺼울수록 깊게 나타난다.

ㄷ 선지 표층과 깊이 50m 해수의 수온 차는 2월이 8월보다 크다. (X)

　　　　2월 혼합층의 두께는 50m가 넘는다. 따라서 혼합층에서의 해수는 혼합에 의해 수온 차이는 거의 나타지 않는다.

〈기출문항에서 가져가야 할 부분〉

1. 표층과 심층의 수온 차는 표층의 수온이 높을수록 크게 나타남

76 정답 : ⑤

〈문항의 발문 해석하기〉

다음은 심층 순환을 일으키는 요인 중 일부를 알아보기 위한 실험이다.

▶심층 순환의 발생 원인에 대해서 생각할 수 있어야 한다.

〈문항의 자료 해석하기〉

[실험 목표]

○ 해수의 (　　㉠　　)에 따른 밀도 차에 의해 심층 순환이
  발생할 수 있음을 설명할 수 있다.

[실험 과정]

(가) 위와 아래에 각각 구멍이 뚫린 칸막이를 준비한다.

(나) 칸막이의 구멍을 필름으로 막은 후, 칸막이로 수조를
  A 칸과 B 칸으로 분리한다.

(다) 염분이 35psu이고 수온이 20℃인 동일한 양의 소금물을
  A와 B에 넣고, 각각 서로 다른 색의 잉크로 착색한다.

(라) 그림과 같이 A와 B에 각각 얼음물과 뜨거운 물이 담긴
  비커를 설치한다.

(마) 칸막이의 필름을 제거하고 소금물의 이동을 관찰한다.

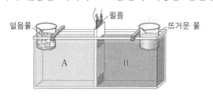

[실험 결과]

○ 아래쪽의 구멍을 통해 (　ㄴ　)의 소금물은 (　ㄷ　) 쪽으로
  이동한다.

비커에 얼음물과 뜨거운 물을 넣어 비교하고
있으므로 ㉠은 '수온 변화'에 해당한다.
수온이 낮을수록 밀도는 크기 때문에 밀도가
큰 A가 B 쪽으로 이동한다.

〈선지 판단하기〉

ㄱ 선지 '수온 변화'는 ㉠에 해당한다. (O)

　　　　비커에 얼음물과 뜨거운 물을 넣어 비교하고 있으므로 ㉠은 '수온 변화'에 해당한다.

ㄴ 선지 A는 고위도 해역에 해당한다. (O)

　　　　고위도 해역일수록 수온이 낮으므로 A는 고위도 해역에 해당한다.

ㄷ 선지 A는 ㉡, B는 ㉢에 해당한다. (O)

　　　　수온이 낮을수록 밀도는 크기 때문에 밀도가 큰 A가 B 쪽으로 이동한다.

〈기출문항에서 가져가야 할 부분〉

1. 심층 순환 발생 모형을 통한 실험 과정 유형 암기

77 정답 : ⑤

〈문항의 발문 해석하기〉

그림은 북쪽으로 이동하는 태풍의 풍속을 동서 방향의 연직 단면에 나타낸 것이다. 지점 A~E는 해수면상에 위치한다.

►태풍의 구조에 대해서 생각할 수 있어야 한다.

〈문항의 자료 해석하기〉

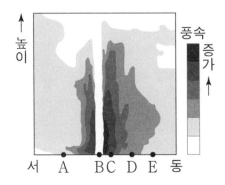

풍속이 강한 C, D, E 지점은 위험 반원, 풍속이 약한 A는 안전 반원인 것을 알 수 있다. 바람이 불지 않는 B 지점은 태풍의 눈에 해당한다.

〈선지 판단하기〉

ㄱ 선지 A는 안전 반원에 위치한다. (O)

　　　　풍속이 약한 A는 안전 반원인 것을 알 수 있다.

ㄴ 선지 해수면 부근에서 공기의 연직 운동은 B가 C보다 활발하다. (X)

　　　　공기의 연직 운동이 활발할수록 풍속은 증가한다.

ㄷ 선지 지상 일기도에서 등압선의 평균 간격은 구간 C-D가 구간 D-E보다 좁다. (O)

　　　　태풍의 눈 벽에 가까워질수록 풍속은 증가하므로 등압선의 평균 간격은 구간 C-D가 좁다.

〈기출문항에서 가져가야 할 부분〉

1. 등압선 간격이 좁을수록 풍속은 강한 지역임을 암기

78 정답 : ②

〈문항의 발문 해석하기〉

그림 (가)는 어느 날 21시 우리나라 주변의 지상 일기도를, (나)는 같은 시각의 적외 영상을 나타낸 것이다. 이날 서해안 지역에서는 폭설이 내렸다.

▶ 일기도와 적외 영상을 통해 각 지역의 기상 상황을 이해할 수 있어야 한다.

〈문항의 자료 해석하기〉

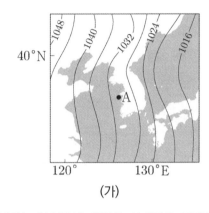

(가)

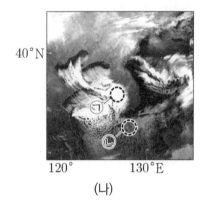

(나)

우리나라는 북서쪽에 위치한 시베리아 기단의 영향을 받고 있다. 따라서 우리나라의 계절은 겨울이다.

우리나라 서해안에 구름이 많은 것을 알 수 있다. 적외 영상이므로 ㉠은 ㉡보다 구름의 고도가 높은 것을 알 수 있다.

〈선지 판단하기〉

ㄱ 선지 지점 A에서는 남풍 계열의 바람이 분다. (X)

　　　　 시베리아 기단의 영향을 받고 있으므로 북서 계절풍이 분다.

ㄴ 선지 시베리아 기단이 확장하는 동안 황해상을 지나는 기단의 하층 기온은 높아진다. (O)

　　　　 황해상을 지나는 시베리아 기단의 하층의 기온이 높아지므로 기단은 불안정해져 폭설을 내린다.

ㄷ 선지 구름 최상부에서 방출하는 적외선 복사 에너지양은 영역 ㉠이 영역 ㉡보다 많다. (X)

　　　　 구름의 고도가 높을수록 적외선 복사 에너지양은 적으므로 ㉠이 적다.

〈기출문항에서 가져가야 할 부분〉

1. 적외 영상의 적외선 복사 에너지양은 온도와 비례하므로 고도가 높을수록 적게 방출

2. 시베리아 기단은 겨울철에 우리나라로 확장하며 따뜻한 바다에서 수증기를 공급받으므로 기단이 불안정 해짐

〈문항의 발문 해석하기〉

그림 (가)와 (나)는 우리나라에 온대 저기압이 위치할 때, 이 온대 저기압에 동반된 온난 전선과 한랭 전선 주변의 지상 기온 분포를 순서 없이 나타낸 것이다. (가)와 (나)는 같은 시각의 지상 기온 분포이고, (나)에서 전선은 구간 ㉠과 ㉡ 중 하나에 나타난다.

► 기온 변화가 급격히 나타나는 지점에 전선이 위치한다는 것을 알 수 있어야 한다.

〈문항의 자료 해석하기〉

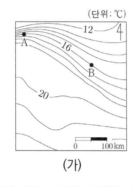

(가)   (나)

A와 B 부근에 온난 전선이 위치한다.   ㉡ 부근에 한랭 전선이 위치한다.

두 자료를 온대 저기압의 형태에 맞게 합성하면 다음과 같이 나타낼 수 있다.

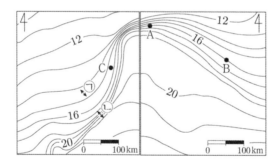

〈선지 판단하기〉

ㄱ 선지 (나)에서 전선은 ㉠에 나타난다. (X)

　　　　 기온 변화가 급격히 나타나는 지점에 기단이 위치하므로 전선은 ㉡에 위치한다.

ㄴ 선지 기압은 지점 A가 지점 B보다 낮다. (O)

　　　　 온대 저기압 중심에 가까울수록 기압은 낮아지므로 기압은 A에서 더 낮다.

ㄷ 선지 지점 B는 지점 C보다 서쪽에 위치한다. (X)

　　　　 두 자료를 합성한 그림을 통해 지점 B는 C보다 동쪽에 위치한다는 것을 알 수 있다.

〈기출문항에서 가져가야 할 부분〉

1. 온대 저기압의 중심에 가까울수록 기압은 낮아짐

2. 온난 전선과 한랭 전선의 형태를 보고 온대 저기압의 분포를 표현

80 정답 : ①

〈문항의 발문 해석하기〉

그림 (가)는 태평양 적도 부근 해역에서 부는 바람의 동서 방향 풍속 편차를, (나)는 A와 B 중 어느 한 시기에 관측한 강수량 편차를 나타낸 것이다. A와 B는 각각 엘니뇨와 라니냐 시기 중 하나이고, 편차는 (관측값−평년값)이다. (가)에서 동쪽으로 향하는 바람을 양(+)으로 한다.

► 엘니뇨, 라니냐의 특징을 떠올릴 수 있어야 한다.

〈문항의 자료 해석하기〉

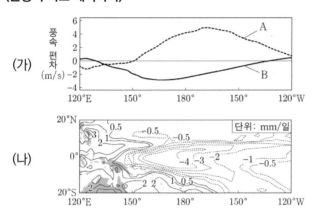

(가) 자료에서 A는 동쪽으로 향하는 바람의 세기가 증가했으므로 엘니뇨에 해당한다. 따라서 B는 라니냐에 해당한다.

(나) 자료에서 동태평양의 강수량은 적어졌으므로 라니냐 시기에 해당한다.

〈선지 판단하기〉

ㄱ 선지 (나)는 B를 관측한 것이다. (O)

　　　　(나) 자료는 엘니뇨 시기를 관측한 것이다.

ㄴ 선지 동태평양 적도 부근 해역의 해면 기압은 A가 B보다 높다. (X)

　　　　동태평양 적도 부근 해역의 해면 기압은 엘니뇨가 라니냐보다 낮다.

ㄷ 선지 적도 부근 해역에서 (서태평양 표층 수온 편차−동태평양 표층 수온 편차) 값은 A가 B보다 크다. (X)

　　　　적도 부근 해역에서 (서태평양 표층 수온 편차−동태평양 표층 수온 편차) 값은 엘니뇨가 라니냐보다 작다.

〈기출문항에서 가져가야 할 부분〉

1. 적도 부근은 항상 무역풍이 부는 지역이므로 바람의 세기를 통해 엘니뇨, 라니냐 판단하기

81 정답 : ③

〈문항의 발문 해석하기〉

그림은 지구 자전축의 경사각과 세차 운동에 의한 자전축의 경사 방향 변화를 나타낸 것이다.

▶ 현재 지구의 공전 궤도면과 자전축 경사의 방향을 그릴 수 있어야 한다.

〈문항의 자료 해석하기〉

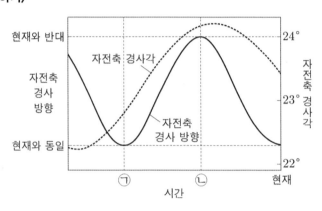

세차 운동의 주기는 26,000년, 자전축 경사각 기울기의 변화 주기는 41,000년이다. 따라서 실선은 세차 운동이고, 점선은 자전축 경사각 기울기 변화에 해당한다.

㉠ 시기는 현재와 세차 운동의 방향이 같고 자전축 기울기가 작다. ㉡ 시기는 현재에 비해 세차 운동이 반 바퀴 일어났고 자전축 기울기가 크다.

〈선지 판단하기〉

ㄱ 선지 우리나라의 겨울철 평균 기온은 ㉠ 시기가 현재보다 높다. (O)

   자전축 기울기가 작을수록 겨울철 평균 기온은 높아지므로 ㉠ 시기가 크다.

ㄴ 선지 우리나라에서 기온의 연교차는 ㉡ 시기가 현재보다 크다. (O)

   세차 운동이 반 바퀴 일어나면 북반구 연교차는 증가한다. 따라서 ㉡ 시기가 크다.

ㄷ 선지 지구가 근일점에 위치할 때 우리나라에서 낮의 길이는 ㉠ 시기가 ㉡ 시기보다 길다. (X)

   ㉠일 때 우리나라는 겨울 ㉡일 때 우리나라는 여름이다. 낮의 길이는 여름일 때 더 길다.

〈기출문항에서 가져가야 할 부분〉

1. 낮의 길이는 여름일 때 더 길다는 사실 암기

82 정답 : ⑤

〈문항의 발문 해석하기〉

그림 (가)는 대서양 심층 순환의 일부를 나타낸 것이고, (나)는 수온-염분도에 수괴 A, B, C의 물리량을 ㉠, ㉡, ㉢으로 순서 없이 나타낸 것이다. A, B, C는 각각 남극 저층수, 남극 중층수, 북대서양 심층수 중 하나이다.

▶ 수온-염분도의 물리량을 통해 심층 해수를 판단할 수 있어야 한다.

〈문항의 자료 해석하기〉

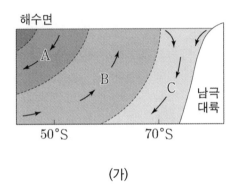

(가)

A : 남극 중층수, B는 북대서양 심층수,
C는 남극 저층수이다.

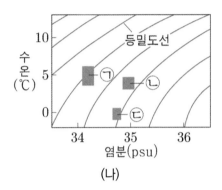

(나)

㉠은 남극 중층수, ㉡은 북대서양 심층수, ㉢은 남극 저층수이다.

〈선지 판단하기〉

ㄱ 선지 A의 물리량은 ㉠이다. (O)

　　　　밀도가 가장 작은 A는 ㉠이다.

ㄴ 선지 B는 A와 C가 혼합하여 형성된다. (X)

　　　　대서양 심층 순환은 밀도 차에 의해 형성되었다.

ㄷ 선지 C는 심층 해수에 산소를 공급한다. (O)

　　　　심층 순환의 역할은 심층 해수에 산소를 공급해주는 것이다.

〈기출문항에서 가져가야 할 부분〉

1. 대서양 심층 순환은 해수끼리 혼합되어 형성된 것이 아님

83 정답 : ①

〈문항의 발문 해석하기〉

다음은 담수의 유입과 해수의 결빙이 해수의 염분에 미치는 영향을 알아보기 위한 실험이다.

▶ 담수의 유입은 염분을 낮추고, 해수의 결빙은 염분은 높인다.

〈문항의 자료 해석하기〉

〔실험 과정〕
(가) 수온이 15 ℃, 염분이 35 psu인 소금물 600 g을 만든다.
(나) (가)의 소금물을 비커 A와 B에 각각 300 g씩 나눠 담는다.
(다) A의 소금물에 수온이 15 ℃인 증류수 50 g을 섞는다.
(라) B의 소금물을 표층이 얼 때까지 천천히 냉각시킨다.
(마) A와 B에 있는 소금물의 염분을 측정하여 기록한다.

증류수
소금물
A

얼음
소금물
B

⊙은 증류수가 섞였으므로 35 psu보다 낮고, ⓛ은 얼었으므로 35 psu보다 높다.

〔실험 결과〕

비커	A	B
염분(psu)	(⊙)	(ⓛ)

〔결과 해석〕
○ 담수의 유입이 있는 해역에서는 해수의 염분이 감소한다.
○ 해수의 결빙이 있는 해역에서는 해수의 염분이 (ⓒ).

〈선지 판단하기〉

ㄱ 선지 (다)는 담수의 유입에 의한 해수의 염분 변화를 알아보기 위한 과정에 해당한다. (O)
　　　　증류수는 염분을 낮추는 담수의 역할을 한다.

ㄴ 선지 ⊙은 ⓛ보다 크다. (X)
　　　　⊙은 ⓛ보다 작다.

ㄷ 선지 '감소한다'는 ⓒ에 해당한다. (X)
　　　　해수의 결빙에 의해 염분은 증가한다.

〈기출문항에서 가져가야 할 부분〉

1. 담수의 유입과 해수의 해빙은 염분을 낮춤
2. 해수의 결빙은 염분을 높임

84 정답 : ④

〈문항의 발문 해석하기〉

그림 (가)는 어느 날 t_1 시각의 지상 일기도에 온대 저기압 중심의 이동 경로를 나타낸 것이고, (나)는 이날 관측소 A와 B에서 t_1부터 15시간 동안 측정한 기압, 기온, 풍향을 순서 없이 나타낸 것이다. A와 B의 위치는 각각 ㉠과 ㉡ 중 하나이다.

► 온대 저기압 중심의 이동 경로에 따른 물리량 변화를 떠올릴 수 있어야 한다.

〈문항의 자료 해석하기〉

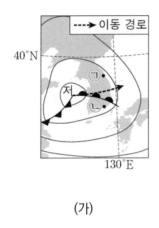

(가)

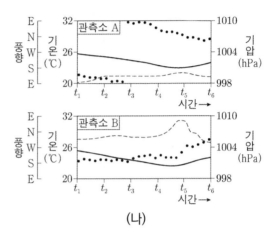

(나)

시간이 지나며 ㉠의 풍향은 반시계 방향으로 변화하고, ㉡의 풍향은 시계 방향으로 변화한다.

실선은 기압, 점선은 기온이다.
A의 풍향은 반시계 반향으로 변화하므로 ㉠에 해당한다.
B의 풍향은 시계 방향으로 변화하므로 ㉡에 해당한다.

〈선지 판단하기〉

ㄱ 선지 A의 위치는 ㉠이다. (O)

   A의 위치는 ㉠이다.

ㄴ 선지 t_2에 기온은 A가 B보다 낮다. (O)

   (나)를 통해 t_2에 기온은 A가 B보다 낮다는 것을 알 수 있다.

ㄷ 선지 t_3에 ㉡의 상공에는 전선면이 있다. (X)

   t_3에 ㉡은 남서풍이 불고 있다. 따라서 전선면이 존재하지 않는다.

〈기출문항에서 가져가야 할 부분〉

1. 온대 저기압에서 남동풍과 북서풍이 부는 지역에는 전선면이 존재

85 정답 : ①

〈문항의 발문 해석하기〉

그림 (가)는 어느 날 어느 태풍의 이동 경로에 6시간 간격으로 태풍 중심의 위치와 중심 기압을, (나)는 이날 09시의 가시 영상을 나타낸 것이다.

▶시간이 지나며 변화하는 물리량에 대해서 생각할 수 있어야 한다.

〈문항의 자료 해석하기〉

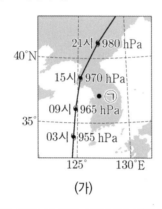

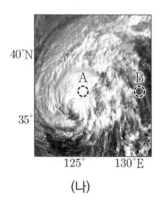

(가)   (나)

지점은 태풍 진행 방향의 오른쪽에 위치하므로 위험 반원에 해당한다.

(나) 자료는 가시 영상이므로 A가 B보다 구름의 두께가 두껍다는 것을 알 수 있다.

〈선지 판단하기〉

ㄱ 선지 태풍의 영향을 받는 동안 지점 ㉠은 위험 반원에 위치한다. (O)

   ㉠ 지점은 태풍 진행 방향의 오른쪽에 위치하므로 위험 반원에 해당한다.

ㄴ 선지 태풍의 세력은 03시가 21시보다 약하다. (X)

   태풍의 세력은 태풍 중심 기압에 반비례하므로 03시의 세력이 더 크다.

ㄷ 선지 (나)에서 구름이 반사하는 태양 복사 에너지의 세기는 영역 A가 영역 B보다 약하다. (X)

   두께가 두꺼울수록 반사를 많이 한다. 따라서 반사하는 태양 복사 에너지의 세기는 영역 A가 영역 B보다 강하다.

〈기출문항에서 가져가야 할 부분〉

1. 가시 영상을 통해 구름의 두께를 알 수 있음

86 정답 : ⑤

〈문항의 발문 해석하기〉

그림은 태평양 표층 해수의 동서 방향 연평균 유속을 위도에 따라 나타낸 것이다. (+)와 (−)는 각각 동쪽으로 향하는 방향과 서쪽으로 향하는 방향 중 하나이다.

▶ 위도에 따른 풍향 변화를 통해 자료를 해석할 수 있어야 한다.

〈문항의 자료 해석하기〉

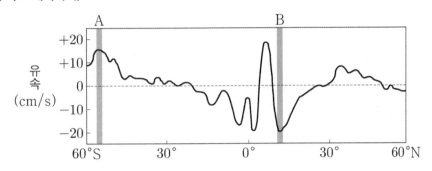

A는 편서풍대에 위치하므로 해수는 동쪽으로 이동한다. 따라서 (+)는 동쪽으로 향하는 방향이다.
B는 무역풍대에 위치하므로 해수는 서쪽으로 이동한다. 따라서 (−)는 서쪽으로 향하는 방향이다.

〈선지 판단하기〉

ㄱ 선지 (+)는 동쪽으로 향하는 방향이다. (O)

      (+)는 동쪽으로 향하는 방향이다.

ㄴ 선지 A의 해역에서 나타나는 주요 표층 해류는 극동풍에 의해 형성된다. (X)

      A는 편서풍대에 위치한다.

ㄷ 선지 북적도 해류는 B의 해역에서 나타난다. (O)

      북적도 해류는 북반구 0° ~ 30° 사이에서 나타난다.

〈기출문항에서 가져가야 할 부분〉

1. 북적도 해류와 남적도 해류 사이에는 동쪽으로 이동하는 적도 반류가 나타남

87 정답 : ④

〈문항의 발문 해석하기〉

그림 (가)는 지구 자전축 경사각과 지구 공전 궤도 이심률의 변화를, (나)는 위도별로 지구에 도달하는 태양 복사 에너지양의 편차(추정값-현재값)를 나타낸 것이다. (나)는 ㉠, ㉡, ㉢ 중 한 시기의 자료이다.

▶현재 지구 공전 궤도면을 그려 자료와 비교할 수 있어야 한다.

〈문항의 자료 해석하기〉

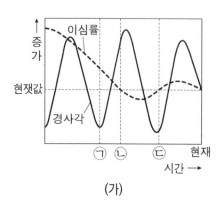

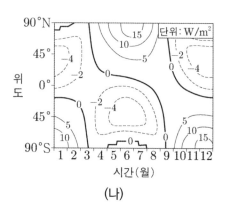

(가)

(나)

현재와 각 시기를 비교하면 다음과 같다.

㉠ : 경사각 감소, 이심률 증가

㉡ : 경사각 증가

㉢ : 경사각 감소

8월 북반구의 편차는 증가, 남반구는 감소했다.

2월 북반구의 편차는 감소, 북반구는 증가했다.

따라서 북반구와 남반구의 연교차는 증가했다.

〈선지 판단하기〉

ㄱ 선지　근일점과 원일점에서 지구에 도달하는 태양 복사 에너지양의 차는 ㉠이 ㉡보다 크다. (O)

　　　　이심률이 클수록 근일점과 원일점에서 지구에 도달하는 태양 복사 에너지양의 차는 커진다.

ㄴ 선지　(나)는 ㉡의 자료에 해당한다. (O)

　　　　연교차가 증가한 (나) 자료는 자전축 경사각이 증가하여 연교차가 증가한 ㉡ 시기이다.

ㄷ 선지　35°S에서 여름철 낮의 길이는 ㉢이 현재보다 길다. (X)

　　　　여름철 낮의 길이는 경사각 크기에 비례하므로 ㉢ 시기가 현재보다 짧다.

〈기출문항에서 가져가야 할 부분〉

1. 각 반구의 태양 복사 에너지 편차를 보고 연교차 증감 여부 판단

2. 여름철 낮의 길이는 자전축 경사각 크기에 비례

88 정답 : ③

〈문항의 발문 해석하기〉

그림 (가)는 기상 위성으로 관측한 서태평양 적도 부근의 수증기량 편차를, (나)는 A와 B 중 한 시기에 관측한 태평양 적도 부근 해역의 해수면 높이 편차를 나타낸 것이다. A와 B는 각각 엘니뇨와 라니냐 시기 중 하나이고, 편차는 (관측값-평년값)이다.

► 엘니뇨 시기와 라니냐 시기에 변화하는 서태평양의 물리량 변화를 생각할 수 있어야 한다.

〈문항의 자료 해석하기〉

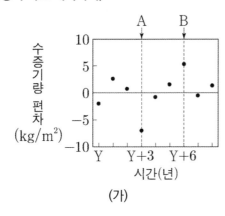

(가)

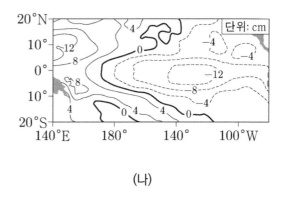

(나)

A는 수증기량이 감소했으므로 구름이 적어진 엘니뇨 시기에 해당한다.
B는 수증기량이 증가했으므로 구름이 많아진 라니냐 시기에 해당한다.

동태평양 해수면의 높이가 낮아진 라니냐 시기에 해당한다. 즉 (나) 자료는 B 시기에 해당한다.

〈선지 판단하기〉

ㄱ 선지   (나)는 B에 해당한다. (O)

　　　　동태평양 해수면의 높이가 낮아진 B 시기에 해당한다.

ㄴ 선지   동태평양 적도 부근 해역에서 수온 약층이 나타나기 시작하는 깊이는 A가 B보다 깊다. (O)

　　　　수온 약층이 나타나기 시작하는 깊이는 엘니뇨 시기에 더 깊다.

ㄷ 선지   적도 부근 해역에서 (동태평양 해면 기압 편차-서태평양 해면 기압 편차) 값은 A가 B보다 크다.

　　　(X)

　　　　동태평양 해면 기압 편차-서태평양 해면 기압 편차의 값은 라니냐 시기에 더 크다.

〈기출문항에서 가져가야 할 부분〉

1. 적도 부근의 수증기량은 구름의 양에 비례함